你为什么忍不住发火

「怒り」がスーッと消える本

[日] 水岛广子 ———— 著

吴静 ———— 译

江苏人民出版社

图书在版编目（CIP）数据

你为什么忍不住发火 /（日）水岛广子著；吴静译. -- 南京：江苏人民出版社，2023.7
ISBN 978-7-214-27535-6

Ⅰ.①你… Ⅱ.①水… ②吴… Ⅲ.①情绪—自我控制—通俗读物 Ⅳ.①B842.6-49

中国版本图书馆CIP数据核字（2022）第176118号

江苏省版权局著作权合同登记号：图字10-2022-222号

"IKARI"GA SUUTTO KIERU HON Written by Hiroko MIZUSHIMA.
Copyright © 2011 by Hiroko MIZUSHIMA.
Interior design by Chieko SAITO.
Interior illustrations by the Rocket Gold Star.
Original published in Japan by Daiwashuppan, Inc.
This Simplified Chinese edition was published by Jiangsu People's Publishing House,Ltd. in 2023 by arrangement with PHP Institute, Inc., Tokyo in care of The English Agency(Japan) Ltd.Tokyo through Qiantaiyang Cultural Development (Beijing) Co.,Ltd.

书　　　名	你为什么忍不住发火
著　　　者	[日]水岛广子
译　　　者	吴　静
责 任 编 辑	张延安
封 面 设 计	扁　舟
版 式 设 计	张文艺
出 版 发 行	江苏人民出版社
出版社地址	南京市湖南路1号A楼，邮编：210009
印　　　刷	天津市新科印刷有限公司
开　　　本	880毫米×1230毫米 1/32
印　　　张	5
字　　　数	99千字
版　　　次	2023年7月第1版　2023年7月第1次印刷
标 准 书 号	ISBN 978-7-214-27535-6
定　　　价	45.00元

前言

如果各位读者见到"让愤怒情绪迅速消失"这样的说法,大概会直犯嘀咕:"这是怎么回事?难道这本书里面真的传授了什么可以彻底制服愤怒情绪的魔法吗?"

我身为精神科医生,当然写不出什么魔法的书籍。

本书是我根据自己多年精神科医生的临床经验写成的,书籍内容在逻辑方面有条不紊。这本书的重点不在于"消除"愤怒情绪,而是让愤怒情绪"消失"。

愤怒情绪是"结果"。当我们遭受了自己感觉"非常过分"的事情(原因),结果就会产生愤怒这样的应激情绪。倘若我们试图压制身为"结果"的"愤怒情绪",很多时候只会适得其反,或是导致愤怒状况愈演愈烈。

然而,假如能够从原因上下手消除不合理因素,就能够让身为结果的愤怒情绪瞬间化为乌有。

本书所要介绍的正是"消除产生愤怒情绪的原因的方法"。

想来,应该有很多朋友都为自己的愤怒情绪深感苦恼过。

总是为了芝麻绿豆的小事烦躁不安,憎恶心胸狭隘的自己。愤怒情绪一上来,就会不由自主地说出情绪化的伤人之语,总是给人一种心智幼稚的印象,或是工作没做好或是破坏了人际关系。

很多时候，一旦产生愤怒情绪，就会被愤怒这种应激情绪彻底控制，难以转换心情。

即使偶尔有办法伪装自己的愤怒情绪，但是愤怒情绪并未完全消失。被压制良久的愤怒情绪甚至会引发抑郁症等心理疾病。

我是专门研究"人际心理治疗"的精神科医生，治疗过数不胜数的病患。从以往这些从业经验中，我可以非常负责任地告诉大家这样一个结论，**那就是怎样处理"愤怒"这种应激情绪，决定了一个人的心理健康和人际关系的质量，甚至是生命的质量**。这些内容我会在本书的正文里面继续为大家详细解说。

不受愤怒情绪支配的人生，畅想无限自由。

在愤怒情绪迅速化为乌有的瞬间，我们不仅不再觉得愤怒，还能感受到人生的丰裕。

但愿这本书能够帮助大家迎来想要的人生。

目录

序章　不再被"焦躁不安""愤怒情绪"牵着鼻子走

致想要过得从容不迫的你 / 002

我们经常被愤怒情绪控制自我行为 / 004

"伪装没有动怒"并不会让人感到真正的快乐 / 006

利用"人际心理治疗"和"心理状态疗愈（AH）"平息愤怒情绪 / 008

Step 1　动怒并非不可
"愤怒情绪"提醒我们需要警惕的事情

人类所有情绪都有其存在的意义 / 012

因大发雷霆而明白的事情 / 015

放不下愤怒情绪的理由 / 019

探究愤怒情绪的原因 / 021

首先，我们需要温柔地善待"愤怒中的自己" / 025

Step 1 重点归纳

　　"愤怒"究竟为何存在？／028

Step 2　人为什么会被激怒
激发"愤怒情绪"的真实原因是什么

"瞬间"感到愤怒不已的理由
　　——"原定计划遭到干扰破坏"时的愤怒／030
愤怒是因为心理创伤
　　——映射了"心理创伤"的愤怒情绪／034
愤怒根源在于"忍气吞声"
　　——对行为出格的人生气／038
对特定情景和人物感到愤怒的情形／041
愤怒情绪是我们内心深处的悲鸣／043

Step 2 重点归纳

　　"原定计划被打乱""心理创伤""忍气吞声"这几种情形导致的愤怒情绪具体是指？／044

Step 3 究其原因，还是由于"偏离角色期待"
能够迅速缓解"愤怒"情绪的"人际心理治疗"

人际关系方面心理压力的原因是"偏离
　　　角色期待" / 046
清清楚楚地告知对方"我希望你如何如何做" / 051
根据对方的行动模式设定"角色期待" / 053
首先，我们需要充分了解"对方在期待什么" / 057
妄图改变他人的言谈举止往往是徒劳的 / 061
向对方传递"难言之隐"的方法 / 065
自己可以决定自己究竟想要"维持怎样
　　　的关系" / 068
对方自然有对方的"理由" / 070
必须消除偏离角色期待的人，无须消除偏离角色
　　　期待也无伤大雅的人 / 073

Step 3 重点归纳
"偏离角色期待"是什么意思？ / 078

Step 4 如果能够掌握这样的话术，就不会引起他人的抗拒
"不愤怒""不激怒他人"的沟通术

"评价"是对他人的暴力行为 / 080
尽可能采用以"我××"开头的句式，而不是
　　"你××"的句式 / 083
跟对方谈话时，是"拜托"对方，而不是"要求"
　　对方 / 086
什么情形之下自己会被对方的妄加评断
　　彻底激怒 / 089
回复一句"原来你是这样想的啊"就行了 / 092
倘若他人即将侵犯到自己的个人边界，我们
　　该怎么办 / 094
要选择在对方愿意倾听的时候说 / 098

Step 4 重点归纳
　　互不侵犯个人边界的"沟通方式"是
　　什么？/ 100

Step 5　不要为一些芝麻绿豆的事情心烦气躁
当我们终止"评判他人","愤怒情绪"就能够平息

不要再以"受害者"自居 / 102

不要对自己臆想出来的情景坚信不疑 / 107

妄加"评判"伤人不利己 / 110

别再执着于"是非对错" / 113

分别考量个人"心理状态"与"行为" / 116

将自己的注意力专注于当下这一刻就不会
　　怒气冲冲 / 120

Step 5 重点归纳
　　为什么我们会因为一点芝麻绿豆的小
　　事而怒火中烧呢？ / 122

Step 6　从容不迫过日子的方法
能够令人"不愤怒"的小习惯

究竟什么才是"不愤怒的生活方式" / 124

视愤怒为"让自己有所成长的学习机会" / 130

和"忍气吞声"说再见 / 134

Step 6 重点归纳
　　如何做才能"不愤怒"地过好自己的生活呢？/ 136

Step 7　当自己成了他人发泄愤怒情绪的靶标时，就这么做
怎样应对"愤怒中的人"

愤怒的人实际上都是"遇到困难的人" / 138
怎样面对经常表现出一副没耐心的人 / 141
防止自己遭到对方愤怒情绪牵连的方法 / 143
不要接受他人含糊其词的批判 / 145

Step 7 重点归纳
　　怎样才能保证自己不被"愤怒者"伤害 / 149

序章

不再被"焦躁不安""愤怒情绪"牵着鼻子走

致想要过得从容不迫的你

总是为了一些鸡零狗碎的小事大动肝火。
不由得就变得烦躁起来。
没有办法控制自己的愤怒情绪。

你在日常生活中是否出现过上述种种情形呢?

心里明明很想从容不迫地好好过日子,却往往因为急躁难安的心理状态而虚掷一整天的光阴。
心里清楚地知道只要自己能够掌控好当下的愤怒情绪就可以活得愉悦自在,却怎么也控制不了自己的情绪。

你是不是出现过这样的苦恼呢?

通常感到无能为力,不能接纳这样的自己:
为什么我的心胸会如此狭隘!
如何做才能变得更加宽容大度呢?

你是否经常因为上述种种烦恼而陷入自我嫌恶的情绪当中?

或许，你还这样审视过自己：

由于自己容易在毫不相干的人身上宣泄愤怒情绪，从而对这样的自己感到嫌恶。

通常因为事情不如己意而吵闹或骂人，从而彻底破坏了友谊或爱情。

由于脾气暴躁而没有办法亲近他人，经常感到孤单无助。

上述都是有关"被愤怒情绪控制"的情形。

我们经常被愤怒情绪控制自我行为

"实际上,我很想保持愉悦的心情,很想镇定自如、和颜悦色地善待他人,却总是因为愤怒不已而没有办法做到。"这就是"愤怒情绪"操控自我行为,从而导致"愤怒情绪"逐渐失控的状况。

每每谈及有关愤怒的苦恼,就会发现很多人都有"想要好好控制自己的情绪"的心理诉求。

由此可见,大家的诉求焦点在于"控制"。

愤怒情绪本身虽然会令人烦闷,但是,据我推测,最核心的问题大概在其"不可控制"的属性。

一旦"忍不住"就会大发雷霆、"难以"平复愤怒情绪、情绪化之下"过度、过分"苛求的话语容易破口而出等,这里面很多不可控制的因素与愤怒情绪总是难分难解。

假如没有办法控制愤怒情绪,往往会导致糟糕的结果,例如,在人际关系方面发生冲突等。

除此以外,没有办法掌控自己的情绪,可能会导致自己在他人面前留下不良印象和负面评价,显得"不够成熟",甚至导致自己没有和谐的人际关系。

相信很多人都会想方设法防止自己发生这样的情况,难道不是吗?

减少心理压力,让自己变得悠闲自在

假如学会恰如其分地控制愤怒情绪,不单能够减轻心理压力,也能够大幅提高人生的自由度和可能性。

人一旦能够摆脱愤怒的控制,就不用拼命地为怒火中烧的自己寻找正当理由,也就可以依照自己真正喜欢的方式加以行动,从而生活得更加轻松快乐。

在工作方面可以充分地发挥出自我潜力,同时在良好的人际氛围中获得更多收益。

只要学会控制自己的愤怒情绪,就可以全方位提升我们人生的质量,获得更多感知幸福感的美好时光。

"佯装没有动怒"并不会让人感到真正的快乐

想必有很多人听到"控制愤怒情绪",就误以为是"强行抑制内心愤怒情绪"的意思。

"强行抑制内心愤怒情绪"是指"自己心里明明怒火中烧,却佯装没有动怒"。但是,这只是表面上的"控制愤怒情绪"。表面上看起来,只要佯装自己没有动怒,好像就可以暂时改善当下的人际关系,顺利展开工作。

然而,单单只是强行抑制内心的愤怒情绪,绝对没有办法感受到原本控制愤怒情绪应该有的那种悠然自得的幸福感,而且对身心健康不利。

况且,人在愤怒不已的时候本来就不可能放松身心。

举个例子来说,当人们暴跳如雷,仿佛是"可以瞬间沸腾的热水器"的时候,毋庸置疑,此时的身心正处在"紧急状态"中:血压瞬间蹿升,呼吸频率加速,人体各消化器官的供血量逐渐减少等。

现实生活中,在上述这种愤怒状态下甚至有可能"愤怒到爆掉血管",对身体造成损害。实际上,的确有人在勃然大怒之下引发了一些损害身体健康的问题,我想大家应该也都明白这个道理。

"愤怒情绪"一旦累积到一定程度，就会……

单是愤怒就已经足以对身心健康造成损害。如果一味掩饰愤怒，积压在内心的愤懑情绪更加容易损害我们的身心健康。如果内心一直处于愤怒状态，而找不到情绪的"宣泄口"，也会加剧人们内心的绝望感和无助感。

当面观察患上抑郁症等心理疾病的人会发现一个现象，绝大部分的患者都会"佯装自己没有发怒"。

即使平日里一直将愤怒情绪掩饰起来不让他人察觉，也可能会在某种偶发性状况之下突然情绪失控，将内心的无名怒火对着无关的人发泄一通，或是终于忍无可忍、怒发冲冠，愤而与对方断绝关系。

无论是上述哪种情形，都对社交生活百害而无一利，其结果都会导致人际关系氛围变得剑拔弩张，也会相应地增加人们罹患抑郁症等心理疾病的风险。

学会如何恰如其分地处理愤怒情绪，对于维护个人身心健康非常重要。

利用"人际心理治疗[①]"和"心理状态疗愈(AH)[②]"平息愤怒情绪

为了合理控制愤怒情绪,我们还是先从认识愤怒情绪本身开始吧。或许有人觉得,只要下定决心"再也不要动怒"就能如愿以偿,但是,对于大部分的人来说,事情可并没有如此简单。

既然愤怒是人类与生俱来的情绪之一,必然有其存在意义。

只有充分了解愤怒情绪存在的真正意义,才会比较容易平息愤怒情绪。如果充分了解"愤怒情绪的存在意义",学会巧妙地与"愤怒"和平共处,应该就会拥有逐渐摆脱上述各种问题的能力。本书将为大家介绍能够帮助你达成前述目标的系统性方法。

除此以外,我想各位读者阅读过此书后就会明白,"怎样与愤怒情绪和平共处"不仅仅是心理技巧问题,也与"自己想要度过怎样的人生"休戚相关。一旦学会如何恰如其分地处理愤怒的情绪,不单不会再被愤怒情绪耍得团团转,人生大概也会比以往更加丰裕有度。

[①] 人际心理治疗是一种为期3个月~4个月的短程心理治疗方法。
[②] 心理状态疗愈(AH)是一种跨文化的自我疗愈的方法,帮助我们清除自己强加在心灵上的障碍,比如:判断、责备、羞愧、自我谴责等。

让心理压力反而成为治疗良方的"人际心理治疗"

我是一名精神科医生，致力于研究"人际心理治疗"方法。人际心理治疗是一种经过大量临床试验的科学论证，能够有效治疗抑郁症、进食障碍、焦虑症等心理疾病的心理治疗方法。

这种治疗方法重点在于帮助患者妥善处理由于人际关系导致的心理压力，或是帮助患者妥善应对日常生活中突然发生的巨大变化。在实施治疗的过程中，本来是产生心理压力根本原因的人际关系，反而会变成心理医生医治心理疾病的良药。

举个例子来说，假如接受这种治疗方法进行疗愈的患者是一名夫妻关系存在问题的抑郁症患者，那么，通过人际心理治疗逐步改善与另一半之间的两性相处问题后，他们之间的关系反过来会成为治愈抑郁症的良药。

"愤怒"这种情绪通常可以成为改善人际关系的契机。

谨慎地正视自己的愤怒情绪，而不是佯装不会发怒，并按照自己觉得愉悦的方式逐渐改变人际关系。我看到过很多人因为敢于直面自己的愤怒情绪不单治好了心理疾病，也随之提升了自己的人生质量。

与内心的宁静休戚相关的"心理状态疗愈（AH）"

此外，我长期以志愿工作者的身份参与心理状态疗愈（AH）的活动。实际上，AH看起来不像是一种心理疗愈领域的治疗方法，倒更像是一种"生活方式"。

我一直有一个想法：将"自己能够选择拥有平静的心灵"的道理应用于人生的所有领域，督促身处各种不同环境的人去参与社交活动。

本书谈及的"愤怒情绪"就是干扰心灵内在宁静的典型性例子。我在AH的活动中深刻地感受到，当人类持续处于愤怒状态时，会严重损害身心健康、干扰人与人之间的沟通、剥夺我们感到满足的幸福感。即使是"合理"的愤怒，如果能够彻底平息诸如"对做出不当行为的他人感到气不打一处来"等情景的愤怒情绪，也能够让心灵恢复本来的宁静。

在本书中，我从自身的经验出发，根据人际心理治疗和AH的观点来反复思索并探索控制愤怒的方法。

本书会从第一阶段开始介绍，然后再一个台阶一个台阶地迎难而上。各位读者自然也可以根据自己的兴趣挑选觉得对自己有助益的章节进行阅读。但是，个人建议那些自认为很难平息愤怒情绪的读者朋友，请从第一阶段开始按照顺序阅读。假如读完本书能让各位读者多少产生一些"我也能够控制愤怒情绪"的感觉，那我会感到荣幸至极。

动怒并非不可

"愤怒情绪"提醒我们需要警惕的事情

人类所有情绪都有其存在的意义

愤怒也是情绪的一种。各位读者是否明白"人类所有情绪都有其存在的意义"呢？

为了保护自己，我们的身体拥有各种各样的力量。

例如，一旦触碰到滚烫的东西就会感觉到灼热。因为感觉到灼热，身体神经系统就会通过反射将手缩回来，防止身体陷入危险。如果身体感觉不到灼热，必然会隔三岔五被烫伤，最终酿成大祸。

假如身体感觉不到疼痛就更加危险了。我们很多时候都是因为感觉到疼痛才知道自己踩踏到了危险的东西，也正是因为感觉到疼痛才会觉察出身体上的疾病。假如身体感觉不到疼痛，有时甚至会因此延误病情。

身体的感觉系统就像这样一直保护着我们远离危险。

一般情况下，身体会通过各种各样的感觉提醒我们"这种状况对于我们的身体意味着什么"，而情绪的驱动机制和感觉一样，具有保护我们的身体的功能。

情绪会提醒我们"这种情绪状态对于我们的心理意味着什么"。

假如我们不能感觉到"不安"这种情绪

比如说,不安的感觉会让我们明白"安全没有获得切实保证"。

当我们感觉到不安,心里会想:"这样继续勇往直前有可能会发生什么危险",于是就会认真地观察,判断前方是否安全,谨慎地向前迈进。

请大家想象一下深更半夜走在昏暗山道上的情景。虽然会让我们感觉到极大的不安,但也正因为这样我们才会虑及不安全因素,等到天亮之后再行动,或是小心谨慎地一边走一边确认脚下所走的每一步路是否安全。

如果感觉不到不安,仍迅速大踏步向前行走就会非常危险。由于不安的感觉会让人感到烦闷,有人想要尽量避免这种令人烦闷的情绪。但是,如果完全感觉不到不安,也会大事不妙。

因为涌现悲伤情绪,我们才得以治愈

悲伤这种情绪也不大受人们的待见。也许各位读者会认为,假如人生没有悲伤之事该多么圆满啊。但是,正是这些悲伤之事让我们明白"自己究竟失去了什么宝贵的东西",其中典型的例子就是突然失去对我们来说很重要的某个人。有时候我们失去的则是一直格外珍惜的物品、价值观或生活方式。当我们失去对我们而言价值高昂且意义重大(宝贵)的事物所产生的情绪就是悲伤情绪。

各位读者可能会觉得"等到失去以后才让我们感觉到悲伤好像并不能保护自己"吧？事实并非如此。

一旦失去宝贵的事物，我们的内心受到伤害。为了回归正常的生活状态，就需要我们进行自我疗伤，慢慢调整状态，从而达到自我修复的状态。

我们一旦感到悲伤就会"向内蜷缩"。当我们失去重要的人时，我们会怀着悲伤的情绪度过大部分的时间，就连维持正常的日常生活都举步维艰。这段时间正是我们直面内心的伤痛，进行自我疗愈和修复的时期。我们会多维度思索所失东西的意义，体会各种微妙的心情，渐渐缓解内心的伤痛。只有当我们内心的创伤疗愈到一定程度时，我们才会朝外打开心扉，迈出新的人生步履。

假如没有这段心怀悲伤情绪的日子，我们就会一直心怀创伤度日。长此以往，很有可能就会在某个特定的时间点突然罹患了抑郁症。由此可见，悲伤情绪同样可以保护我们的心灵不受伤害。

因大发雷霆而明白的事情

可以说,愤怒情绪同样是为了保护我们自己免受伤害。

举个例子来说,当我们感到愤怒的时候,最直接的反应往往就是反击对方吧,诸如怒火中烧的时候就会以冷嘲热讽进行回击等。这种时候,愤怒情绪算得上是"让我们意识到对方正在往自己身上施以攻击,并促使我们生成向对方施以反击的能量"。

换言之,正是因为愤怒,我们才会察觉到"自己正受到他人不合理的对待";正是因为愤怒,我们才会试图凭借"愤怒"之势消除这种"不合理的事情"。

这与我们的身体感觉到疼痛是一样的原理。正是因为身体感觉到"疼痛",才借此得以明白自己被别人踩到脚了。同理,也正是因为我们的身体感觉到"疼痛",才会缩回被踩到的脚。假如不会感觉到疼痛,我们的脚也许就会一直被人踩着而不自知吧。

"愤怒"情绪是心理上的痛觉

当我们的脚被人踩到时,我想很多时候除了感觉到疼痛,我们还会感到愤怒。

因为我们的脚被人踩到这件事代表了我们不单单是遭受了物理性伤害,同时还代表"自我"这个人格遭受"损害"。换言之,也就是身体的生理性感觉系统让我们感受到来自脚部的疼痛,而自我人格遭受"损害"这种心理上的痛觉则被我们内化为"愤怒"情绪。如果将愤怒情绪看作是心理上的痛觉，大概就比较容易理解。

纵使是我们的脚被人踩到了，若是对方表现出一副感到非常抱歉的样子，并真心实意地向我们道歉，虽然我们在生理层面还是会感觉到疼痛，但是愤怒情绪会因为他人的诚挚歉意得以平息。因为我们从他人的态度得以明白"自我"这个人格并未受到损害。但是如果对方摆出一副"我是踩了你，你又能拿我怎么着"的态度，纵使我们本来只感觉到一点疼痛，也会大发雷霆的吧。

接收到"自我人格受到侮辱"的信号

我们受到的侮辱性言辞抨击，也是典型的"自我人格受到损害"的情形。

不过，与被他人踩到脚的情形有所不同的是，当我们受到来自他人的侮辱性言辞的批评时，我们一般不会感觉到来自身体的疼痛，而感到愤怒就成了"自我人格受到损害"的唯一信号。

我们一旦感到愤怒，如果能够马上提醒对方"你这样说话让我感觉到了伤害，希望你再也不要这样了"，就能改变当时的状况。但是，假如我们感觉不到愤怒，这种被他人言辞侮辱的状况一直没有得到纠正，那么，我们就会继续被他人侮辱。

"愤怒"情绪是心理上的痛觉

脚被踩到了!

疼痛感觉

身体上受到伤害!

让对方挪开踩住自己的脚
(解决身体上受到的伤害)

愤怒情绪

心理上受到伤害!

让对方给自己道歉
(解决心理上受到的伤害)

自我觉察"必须当场处理问题"的契机！

综上所述，不仅仅是在我们遭受不当对待时反射性的愤怒能够让我们"觉察到自己受到伤害"，"长期性愤懑"也具备同样的功能。慢性疼痛是在提醒我们身体的某个部位发生了问题，而慢性的愤怒情绪同样表露了自己在某些方面"受到伤害"，也就是自己在某些方面持续处于愤懑的状态。它在提醒我们，现在需要处理某些问题。

稍后我会详细地介绍各种愤怒情绪的类型，现在只希望大家先理解一下简单的构造："感到愤怒并非糟糕之事"，感到愤怒只是在提醒我们"需要处理某些问题"。这与身体的痛觉反射是同样的原理。

感受到疼痛并非糟糕之事（虽然这是不舒服的事情），它反而会成为我们觉察到自己为什么会感觉到疼痛(疼痛原因)的契机。

愤怒情绪的产生也是同样的原理，感觉到愤怒情绪不是什么糟糕透顶的事（虽然这是不舒服的事情）。假如把它看作是促使我们觉察到自己为什么会感到愤怒（愤怒原因）的契机，我想我们就能够积极地直视"愤怒"了。

控制愤怒情绪的第一步，即充分了解愤怒情绪具备这样的功用。

放不下愤怒情绪的理由

疼痛感和愤怒感都是提醒我们身心出现问题的"危险信号"。但是,两者也都会对身心造成一定的压力,因此让它们尽可能地在很短的时间内完成任务就很有必要。

假如是自己的脚被他人踩到了,就请对方挪开踩住自己的脚;假如因为罹患某种疾病,治疗过程让人感到痛苦,无论换作是什么人都会试图早日找到并消除病因。

然而,愤怒情绪不一定必然如此。

很多时候人们会长时间一直怀着愤怒的情绪不能释怀,从而强化了愤怒情绪本身。

人们之所以会这样,自然是因为未曾做出"适当的处理",让愤怒情绪一直在内心深处不断累积。比如,"未能向他人客观表达自己的真实感受来改变现状"等。未能做出"适当的处理",大概是因为顾虑到周围人的感受而"不想引发任何人际间的纠纷",但是,也有人是因为自己"根本就不想平息愤怒情绪"。

举个例子来说,有些人会觉得自己的"愤怒情绪之强烈"恰恰可以证明对方的"罪咎之深"。

他们会觉得如果自己一旦平息愤怒情绪,对方的罪咎就会被一笔勾销似的。

或者,应该也有人无论别人怎么规劝,就是想捕风捉影,借大发雷霆这种方式让对方"明白自己所犯的过错并予以道歉"。这也是一种"不想平息愤怒情绪"的情形。

一直维持愤怒会让自己持续"受到伤害"

如果"受到伤害"的感觉过于强烈的话，就会觉得"为什么我不但要遭受他人的伤害，还非得做出'适当的处理'才行呢？这一切可都是对方的过错！"

这是人自然而然会出现的情绪反应。但是我希望各位读者意识到一件事情：会被愤怒情绪损伤的是自己的人生，而不是对方的人生。

怎么说呢？如果你不能平息愤怒，就会"被困在愤怒情绪的囚牢之中"，使自己持续地受到伤害。

尽管你明白了这个道理，但如果你执意选择等待对方做出"适当的处理"，那就意味着你将决定权让渡给了对方。你在让对方决定你的"受到伤害"要持续到什么时候为止。

探究愤怒情绪的原因

前面我已经谈过,愤怒情绪最大的缺陷就是难以控制。

在比较原始的环境中,例如,在丛林里为了避免危险就得除掉突然遇上的野兽,这种时候也许只需要任凭愤怒之火驱使自己去吓唬、暴揍它一顿就可以了,但是人际关系或社交生活并没有这么简单。

如果以大声呵斥、殴打的方式处理人际关系或社交生活中遇到的问题,基本上可以判定不可能得到良好的结果。

前述的处理方式很多时候往往会适得其反,让事情发展到一发而不可收拾的地步。

因此,当我们由于愤怒情绪意识到"现在好像哪里出现了问题必须马上处理"的时候,我们需要先释放掉愤怒情绪里面附带的能量,赶紧思索应该怎样"适当地处理",才会让事情进展得更加顺利。

鉴于此,就需要我们静下心来仔细探究产生愤怒的原因。

真的存在"受到伤害"这个事实吗?

平息愤怒情绪与感觉到疼痛的情形有所不同的是,我们除了需要消除导致愤怒情绪的原因之外,还需要试着开启思维模式:"这件事情确实值得我们产生一系列的愤怒情绪吗?"这样扪心自问的方法是行之有效的。

换言之，这就是"改变我们自己理解事物的方式"。

意思就是，这种时候需要我们认真地思索自己是否确实受到伤害。

举个例子来说，假如有个人轻易对他人妄下评断，突然跟你说："你这个人呐，一旦遇到这种情况就会犹豫不决。"

这个时候如果你感觉到"自己无缘无故遭遇他人此等偏执性指责"，就会倍感愤怒。

因为这种单方面的偏执性指责很明显地让我们感觉到自己"受到伤害"。

但是，只要回头好好想一想，就会发现那人本来就是一个凡事都爱横插一脚妄加批评的人，"自作主张妄断他人"也许就是那个人的习惯。

与其说"自己"受到伤害，不如说这原来是"那个人"的问题。如此转念一想，就会明白我们根本不需要为此愤怒不已。

稍后我会再次谈及诸如此类的事情。其实用前述这种对任何事情都轻率地加以盖棺论定的生活态度并不能让自己过得更好。假如能够了解到这一点，就有可能会发觉"总是喜欢主观论断其他事物的人，大概都会活在自我构筑的压力之下"，让人萌生怜悯之心。

如果我们真的受到伤害当然必须改变这种状况，但是认真研究之后就会发现事实并非如此，没有必要为了区区小事而愤怒的情况也委实不少。

"感觉到疼痛"的情形确实存在于我们受到伤害的事实中。与之相比,"感觉到愤怒"的情形则属于我们自己能够决定是否受到伤害,属于我们自己可以操控"受害与否"结果的情形。

愤怒也属于一种病征

愤怒情绪产生的"原因"可能是某种"心理疾病"。

当人总是感到焦灼不安,有时候可能是某种心理疾病的症状。

举个例子来说,当人们罹患抑郁症的时候就很容易感到心烦意乱。谈及抑郁症,也许大家脑海里的印象是无精打采、情绪低落等。但实际上,很多时候抑郁症患者会表现出很明显的焦虑症状。人们一旦患上抑郁症便会丧失很多精力,从而逐渐控制不了"愤怒"之类的情绪。这样描述的话大家应该比较容易理解。

或者,罹患双相情感障碍(即所谓的躁郁症)的患者陷入狂躁或轻度狂躁状态的时候,也会变得非常容易大发雷霆。谈及"狂躁",大家也许会在脑海里显现出某种亢奋的印象。但是,由于人们处于这种状态,反应会变得非常迅速,常常觉得"自己实力高强,具备某项特殊超凡的能力",因而会对周遭没有办法跟上自己节奏的人感到厌烦。

正如前述这般,愤怒情绪很多时候会以某种病征的形式显现出来。因此,不要误以为所有的愤怒情绪都是能够凭借自己的力量加以控制的。当你控制不了愤怒情绪的时候没有必要想不开。

当你觉得自己"异于往常",或是感觉到自己"确实过于焦躁不安"的时候,我建议大家最好去找相关领域的专家聊一聊自己的真实感受,寻求他们的帮助。

愤怒情绪跟生理期等个人生理周期也有关系

有些女性容易在个人生理期到来之前焦躁不安。

当你出现上述这种情形时,如果其程度相当严重同样需要接受正规的治疗,因此我才建议大家去请教相关领域的专家,这是值得大家充分重视的事情。

与个人生理周期密切相关的愤怒情绪也算得上是某种提示我们危险紧急情况的信号,让我们明白"我们的身心存在某些问题必须当下处理"。因此,真实地直面我们的愤怒情绪,自然有其重要的意义。

首先,我们需要温柔地善待"愤怒中的自己"

为了不被愤怒情绪控制本来的自我,我们需要有效地利用愤怒情绪自身的原始功能:"提醒人们,我们的身心已经出现问题,需要马上进行处理"。首先需要我们做的就是,客观接纳我们心中升起来的"愤怒情绪"。

出人意料的是,现实生活中能够"客观"接纳自身愤怒情绪的人寥寥无几。

平日里,我们总是习惯性赋予愤怒情绪各种各样的意义。

举个例子来说,如我前述提到的,有些人会觉得自己"有多么愤怒"就能够证明对方"有多么的罪大恶极"。这个时候的愤怒被人为附加了"我愤怒代表我自己就是正确的一方""身而为人不能放弃自己的原则"的意义。

此外,愤怒一旦被我们定义是一种人类难以控制自我情绪时的"不成熟""肚量浅窄"的表现,就会在内心不断指责那个朝着他人大动肝火的自己:"自己本来不应该因为这么一点点小事就迁怒于人""连这么一点点小事都放不下的自己真的很不成熟"等,从而更加放大自己的愤怒情绪。

如果这种心理倾向明显增强,就会慢慢地没有办法认同这个"不成熟的自己",然后变成一味对外辩称"我才没有怒火中烧呢",就是没有办法承认自身已经涌现的愤怒情绪。

如此一来，便失去了主动解决引发愤怒情绪的事态的契机。于是，愤怒情绪就会在我们自己看不见的地方持续发酵。

当我们赋予愤怒情绪过多的附加意义，不认同愤怒不已中的自己，这样的状况层层累积就会阻塞我们"**查明激发愤怒情绪的元凶进而解决问题**"的这条简单且合乎常理的路径。

正如我们劝慰存在同样遭遇的人一般

首先，请让我们试着温柔地对待愤怒中的自己。

试想一下，假如和你关系亲密的朋友遇到前述类似的状况时，你会对他说些什么话语去宽慰他呢？请你就用那种宽慰朋友的最温柔的话语来安慰愤怒中的自己。

请你试着这样抚慰愤怒中的自己吧："哎呀，当自己被别人那样自以为是地妄言置评当然会愤怒不已的嘛。不过，话又说回来，你还真是遇人不淑哦！"

曾经经历的那件事情是不是真的值得我们为之愤怒不已，还得看日后实践检验之后的实际结果。但是无论会得到怎样的结果，现在的自己变得如此这般大失理智导致自己处于很糟糕的状态却是不争的事实。

想要彻底控制愤怒情绪就必须从接纳自己失去理智的事实开始。

活动身体、离开现场

当人们怒火中烧到忘我的程度，根本就无暇顾及愤怒以外的其他感受，更遑论如何温柔地接纳愤怒中的自己，或是查明激发愤怒情绪的"元凶"呢。

这种时候就请立即转换自己的心情吧。

最有效的方法就是活动一下自己的身体。

无论是走路、跑步，还是拉筋之类的活动都非常有效。除此之外，闭目养神、深度呼吸等活动对于转换心情也会有所助益。

换个环境，干一点家务活，比如洗碗、晾衣服等对于转换心情应该也有一定的帮助。

假如你正对谁生气，那么暂时与对方保持一定的距离也是很好的处理方式。

凭借上述种种方法，先避开愤怒情绪的风暴点，之后再来思索"恰当的处理方式"吧。

Step1 重点归纳

"愤怒"究竟为何存在?

1

"愤怒并非糟糕之事",先了解愤怒具备什么作用吧。

2

愤怒是某种提示我们危险紧急情况的消息,让我们知道"我们的身心现在存在一些问题"。

3

假如我们意识到自己正处于愤怒情绪之中,就转而将注意力关注于"探究产生愤怒情绪的原因"。

4

厘清是"自己真的受到伤害了吗?",还是"只是对方存在问题而已"。

5

首先,让我们温柔地安抚"愤怒中的自己"吧!

Step
2

人为什么会被激怒

激发"愤怒情绪"的真实原因是什么

"瞬间"感到愤怒不已的理由
——"原定计划遭到干扰破坏"时的愤怒

为了精准驾驭愤怒这种情绪,深入了解愤怒情绪就变得尤为重要。

在本章,我想介绍几个实际案例来解说愤怒情绪的启动机制。希望诸位读者在阅读本章的同时能够真正地深入理解愤怒这种情绪。首先,让我们从容易理解的几种愤怒情绪的基本事例来了解吧。

[例1] 一直冷藏在冰箱里面的甜点,本来想等到放松的时候再大快朵颐,却被家人吃掉了,心情非常郁闷。

[例2] 不小心打破了自己喜爱的花瓶,心里觉得焦躁不安。

[例3] 穿上崭新的鞋子却把脚磨破了,生闷气。

[例4] 没有办法将衣服全部放进衣橱里,气得要命。

[例5] 留下餐盘里最后一口食物,本来是想要慢慢地品尝一番,没想到会被餐厅的服务员收走,心里愤怒不已。

[例6] 正忙得不可开交之际,又突然接到领导安排下来的新任务,差一点儿就要大发雷霆了。

想来大家应该能够看得出来,上述这些场景案例全部都是自己的"原定计划被打乱"的情形吧？

综上所述，我们感到愤怒的根本原因是来自"我本来想要××""我本来应该会××"这样的心理预期。

例6也是如此。领导临时摊派下来的工作彻底破坏了"我在工作量已经趋于饱和的情形之下，原本还能以自己的方式勉强应付下来"的状态，与"原定计划被打乱"的情形相符。

心里感到愤怒是因为原定计划被打乱

为什么原定计划被打乱引起的惊慌失措会让人打从心眼里感到"愤怒"呢？

这还是我们感觉自己"受到伤害"的缘故。

这种情景之下的感觉"受到伤害"指的就是"原定计划遭到干扰破坏"的事实。

当我们面对出乎意料的伤害时，会不由自主地感觉自己"被人捉弄"，下意识想要赶走这突如其来的威胁。

我们本身就拥有在感知到威逼胁迫时"战斗或逃跑"（fight or flight）的应激反应系统，一旦感觉到自己"会受到伤害"或是"被轻慢欺侮了"时，就会将注意力高度集中于逃跑。假如不能逃跑的话，就会开启战斗模式试图击退敌人。

"原定计划突然被打乱"的情形，刚好属于无所逃遁的客观事实，所以我们才会反射性地启动"击退战斗模式"。

当然，假如能够谨慎地思索一下的话，就会明白这种情景并非自体受到伤害，亦非必须击退敌人。但是，生物体自带的此类应激反应系统就是为了识别、应付突如其来的"威胁"。

正因为这是生物体本有的应激反应，所以，我们因此引发的愤怒内容多半都是残缺不全的零星片段，或是混沌不明的东西。

我们愤怒的内容一定不是那种能够在法庭上阐述得层次井然的东西。

举个例子来说，例5那位餐厅的服务员，我们能够断定他确实做错了吗？恐怕也不尽然。

没有事先取得用餐顾客的同意就撤掉了还未用完的餐盘也许有失礼仪。但是，如果考虑到餐厅这样的用餐环境，大概也不至于发展成为大张旗鼓地要求餐厅进行损害赔偿的例子吧。

愤怒情绪会一直持续到自己认为"就不要计较了，还是随遇而安吧"为止

由此看下来，也就不难理解"鸡蛋里挑骨头"这种现象了。

举个例子来说，当我们感觉到自己不可能按时完成任务的时候，本来应该由自己来承担的责任却怪罪他人"都是因为你的数据不完整"或者"就是因为你没能早一点儿提交报告"等，这就是"鸡蛋里挑骨头"。或许是因为自己"没有办法遵守约定截止期限"，这个结果确实是本人难以接受的现实吧。

通常情况下，我们在此类反射性愤怒情绪平复下来之后，就会逐渐恢复镇定。一旦我们觉得"就不要计较了，还是随遇而安

吧",愤怒情绪就会随之平息下来。但是,没办法这样自我觉察的人,愤怒情绪就会一直如影随形,像"鸡蛋里挑骨头"这样的行为也会紧随其后。

因此,无论"鸡蛋里挑骨头"的人的态度看起来多么倨傲无礼,这种傲慢态度的背后实际上隐藏着"你来帮我想一想应对方法,好不好?"这样的求救信号。

所以,当我们遇到他人对自己"横挑鼻子竖挑眼"的时候,我们一旦怒火中烧就会使得本就尴尬的局面更加难堪。因为在对方看来,这种当场惹怒他人的现状变得更加难以接受。如果能够换位思考一下的话,就会比较容易理解自他行为模式背后的深意。

一言以蔽之,当自己被出其不意的愤怒情绪纠缠住的时候,不妨试着这样想:"这仅仅是自己的原定计划被打乱,不知道该怎么处理而已。"

此处颇耐人寻味的是,无论处于任何状况,一概适用这样的思维方法。

只要秉持这样的观念,那些"出乎意料冒出来的愤怒情绪",也就比较容易放下了。

愤怒是因为心理创伤
——映射了"心理创伤"的愤怒情绪

[例7] 明明不是自己的过错却遭到客户投诉,心里怒气冲冲。

[例8] 纠结了很久才购得的礼物,当自己兴冲冲地将礼物送给对方的时候,却被对方横挑鼻子竖挑眼,让人气得七窍生烟。

[例9] "你打扫卫生了吗?"等,自己正准备着手去做的事情,猛不丁地被人这么提醒一下,怒不可遏!

这次同样是"原定计划遭遇干扰破坏"的情景,但是,"在与对方的社交关系中,心理上受到伤害"的感觉比较强烈,并非简单的偶发性事件。

例7的情形是本来不该遭受客户投诉的人却遭到了投诉,这样看起来的话,此处"原定计划被打乱"的迹象也很明显。与此同时,也与自己确实已经非常努力地工作却没有得到他人的认同这种"心理上的受到伤害"休戚相关。

例8是自己纠结了很久好不容易才买到的礼物,原以为对方肯定会满心欢喜,出乎意料的是对方的吹毛求疵。从这样的角度来看,这也属于"原定计划被打乱"的情形。除此以外,就是自己为对方精心挑选礼物时所付出的辛勤劳动没有得到对方一星半点回馈的"心理创伤"。

例9的案例同样如此。在自己正打算打扫卫生时突然遭遇他人的指手画脚,自始至终这都属于"原定计划被打乱"的情形,况且还有自己没有获得他人信任的问题。"你打扫卫生了吗?"虽然表面上看这只是一种提问方式而已,但是,同时也附带了"你还真是个没用的人,每次都需要别人提醒一下才行"这种被人批驳的感觉。如此这般,被他人说得自己好像一无是处似的,内心深处必然会觉得受到了伤害。

此类"伴随着心理创伤的愤怒情绪"往往比单纯的"原定计划被打乱"更加强烈,持续的时间更长。

心里隐藏了创伤会更加容易愤怒

假如只是单纯的"原定计划被打乱"的愤怒情绪,随着自己适应干扰或打击,就会渐渐平复。但是,映射了心理创伤的愤怒情绪会在心里的创伤尚未痊愈的状态下逐渐累积,并因此开始质疑与对方的关系,感觉到"自己并未受到对方的重视"等,最后就会积攒"满肚子的愤懑情绪"。

这是"愤怒情绪"的另一个侧面。愤怒情绪不单映射出"原定计划被打乱"时所导致的惊慌心理,还映射出自己心里的创伤。

如果视给自己造成心理创伤的人为"加害者"的话,我们对那个人感到愤怒倒也无可厚非。

换句话说,如果心里已经产生创伤的话,会非常敏锐地抓取到疼痛的感觉。即便只是细微小事，也会敏锐地感觉到来自心外的"威胁"，很容易怒从心头起。心理创伤很严重的人，所有精力都集中在"避免再次受到伤害"这件事上，因此会极力排除使自己感觉到纤毫之"威胁"的事物。如果能够这样思索的话，就更加容易理解了。

彻底治愈内心的创伤就能够平息愤怒

每当我们回想起曾经的伤痛就会感受到这种类型的愤怒情绪。在我们的内心还存在创伤的情形之下，尽管当下这一刻并非有人想伤害自己，但是，眼下之事触及我们曾经受到伤害的往事，一样会让人感到怒不可遏："那个时候，那个人竟然那样说我！"

"自己内心的创伤尚未痊愈"的感觉与愤怒情绪属于一体两面。当我们感觉到自己内心深处旧的创伤已然痊愈，就能够平息愤怒情绪。

比方说，随着我们年岁的增长，觉得"别耿耿于怀了，那些都是我们跨过青春期的体验之路啊"。当愿意谅解过去的种种失误的时候，受到的心理伤害便会烟消云散。

愤怒根源在于"忍气吞声"
——对行为出格的人生气

[例10] 电车里邻座的女人旁若无人地化着妆,心里觉得不痛快。

[例11] 看到父亲仅穿一条内裤在屋子里转来转去,自己不由得就焦躁不安起来。

想来大家也存在过上述类型的愤怒情绪吧?当我们看到他人做出"身为社会人不该做出的行为"便会觉得难以忍受。这种情形并非有人做了任何使自己"受到伤害"的事情,心里也没有觉得受到伤害。如此说来,这种情形好像与前面章节分析的案例不太符合。

非要让我归纳总结的话,这种情形大概就属于"自己被迫看到了不喜欢看见的事物"这样的受害心理吧。

然而,有些人并非移开目光就能平复愤怒情绪,而是对"这种人的存在本身就感到愤怒不已"。

这种对"身为社会人不应该做出的行为"所产生的愤怒情绪与"明明自己这么循规蹈矩,你凭什么来打破大家约定俗成的规矩"这样的心情大有关系。

因为一直忍耐,所以才会心情郁闷

我们为了遵守社会上的规矩礼仪,多多少少都会下功夫克服自己内心的某种思想情绪。"假如我也像你一样在电车上化妆,那么,也许早上我就可以多睡二十分钟了。""虽然有的时候,我也想要只穿一条内裤到处走来走去,但是,就是因为我在意大家约定俗成的规矩,才一直忍着没有这样做。"怀着这种心理的人,大概也不乏其人吧?

当自己总是在一味隐忍,他人却总是自我放任,这种情形也相当于自己"受到伤害"。

同样是看到有人在电车上化妆这件事情,想来有人并不会耿耿于怀,也有人只是饶有兴致地旁观而已,并不会因此感到怒火中烧。

可以说,这与每个人可承受的最高忍耐程度,也就是跟每个人的"容忍极限"有关。假如这里的当事人是平日里无论身处何种情景都只会凭自己高兴与否而行事的人,那么,他对别人的此类反常行为就会更容易包容。

这从前述"原定计划被打乱"的观点来看也可以解释。

当下能够承受的"容忍极限"比较高的人,大多就像"怎么能够在电车上化妆呢"这句话所表达的意思那样,他们觉得自己处在那样的情形之下,除了下功夫克服自己内心的某种思想情绪别无他法。因此,当我们看到此类肆意放纵自己某种思想情绪的人的时候,觉得"原定计划被打乱的程度"也会非常高。

忍气吞声产生的愤怒情绪

上班时间总是在最后一秒钟才赶到单位

隐忍 / 不隐忍

- 提前15分钟赶到公司（纵然很不情愿）
- 上班前帮领导擦拭办公桌（纵然很不情愿）

……

愤怒

真是面目可憎！竟然拖到最后一秒钟才赶到公司上班，真是不应该！

平常心

安全闯关，棒极了！

对特定情景和人物感到愤怒的情形

- "天生合不来的人":同事、领导、客户或邻居等不得不经常见面交往的人。但是,每次见面都会怒气冲冲。
- "令自己疲于应付的类型":比如处世灵活变通、待人接物面面俱到的人等,就成了自己绝对没有办法接受的类型。
- "害怕听到的特定话语":听到其他的话语都不会如此愤怒,只有在听到特定话语的时候才会倏地升起无名怒火,没有办法镇定自如地判断当下的状况。

如此看来,存在上述这些特定"弱点"的人,应该也不乏其人。

假如是由于过去曾被人藐视而受过伤的人,当他人提及与那种体验相关的事情,或遭受了与那种体验相关的行为来对待的时候,我们就特别容易情绪失控。那是因为内心深处存在的"心理创伤",让我们对相关的部分的感受变得特别敏锐。

再者,大家是否有过"被他人戳中痛处而骤然大发雷霆"的体验呢?

当自己也感到自相矛盾却仍然设法掩饰的时候,被他人当面指出"你这就是在进行自我狡辩吧"。

当自己也特别在意体重是否有所增加之时,蓦地被人问及:"你是不是变胖了呀?"

遇到上述这种情形，人往往会突然大发雷霆，大肆地进行自我辩护，或是回击对方。

假如将这些反击行为看作是"设法掩饰"原定计划遭遇干扰破坏的手段，我相信大家就能够容易理解了。尽管很多人都会存在一些令自己感到非常难办的"原定计划遭遇干扰破坏"的模式，但是，一般来说，当人们为了保护自己"心里的创伤"而拟订出来的"原定计划遭遇干扰破坏"时的模式，那种"受到他人轻侮"的感觉就会更加强烈。

当然，会对特定人物（或情景）怒火中烧的原因并非只有"心理创伤"。正如前面所述，"将事情藏在内心，无论自己是否能够接受，都选择忍气吞声"也是一个原因。但是，在人格层面，就会对在此类原则上有所冒犯的人产生"不能原谅"的强烈感受。

我认为，对于存在此种特定"弱点"的人，只要认真思索那特定的人和事物刺激到自己的究竟是什么，应该就会发现很多从前未曾注意到的事情。

愤怒情绪是我们内心深处的悲鸣

本章内容介绍的是,"原定计划被打乱"诱发的愤怒情绪、"心理创伤"和"忍气吞声"等产生出来的各种类型的愤怒情绪。这些愤怒情绪都存在一个共同特征,那就是"感到愤怒的当事人都处于'感觉自己受到伤害而烦扰不堪'的状态"。

换言之,我们可以将"愤怒情绪"理解为"不知道该怎么办才好的时候内心深处涌出的悲鸣"。如果能够这样转换视角的话,对于取得自我情绪控制权大有裨益。

当自己处于"怒不可遏"的时候,在思索"究竟是谁的过错"之前,先试着转换视角:"现在的自己正处于不知道该怎么办才好的状态。"

假如能够维持"现在的自己究竟正被什么东西所禁锢?"这样的自我觉察,就会明白自己内心深处的真正需求到底是什么,从而渐渐摆脱由愤怒情绪导致自己失去理智的状况。

领悟了"愤怒情绪是自己内心深处的悲鸣"之后,接下来就让我们来认真思索应对"愤怒情绪"的实践方法吧。

Step2 重点归纳

"原定计划被打乱""心理创伤""忍气吞声"这几种情形导致的愤怒情绪具体是指？

1

试着扪心自问"自己是否因为原定计划被打乱才怒火中烧？"

2

试着扪心自问"自己是否因为他人触碰到内心的创伤而心情郁闷？"

3

试着扪心自问"是否因为自己一直将事情藏在内心，无论自己是否能够接受，都选择忍气吞声，才会觉得难以容忍他人？"

4

试着仔细想一想自己究竟是遇到了"什么样的状况""什么样的人"才会容易勃然大怒。

5

试着将愤怒看成发自"内心深处的悲鸣"。

Step
3

究其原因，还是由于"偏离角色期待"

能够迅速缓解"愤怒"情绪的"人际心理治疗"

人际关系方面心理压力的原因是"偏离角色期待"

我所研究的人际心理治疗领域，将人们在人际关系方面产生的所有心理压力都归因于"偏离角色期待"。这个专业术语可能有点晦涩难懂。接下来，请允许我仔细解释一下这个词的内在含义。

我们每一个人几乎都对他人都存在一些"角色方面的期待"。

就连在车站遇到的跟自己擦肩而过的陌生人，我们也会不由自主地对他们都抱有"陌生人"这样的"角色"期待。因此，如果这样的人过分地亲近自己，再用不正经的口气来跟你搭讪的话，你会立刻感到烦闷。

如果对方按照你内心的期待扮演了对应的角色，而你也愿意扮演对方期待你扮演的角色，那就不会产生心理压力。但是，当对方一旦没有按照自己的期待展开行动，或者，当自己"不愿意做"或"做不到"对方期待自己做的事情的时候，就会产生心理压力。

因人际关系方面的问题产生"愤怒"情绪的情形，多半都存在这种"自他偏离角色期待"的状况。

想一想"自他角色期待"是否存在某种落差

因此,如果你对某人感到"愤怒",请认真自查一下是不是存在"自他偏离角色期待"的问题。这是改善双方关系的一个契机。

这个时候需要自查的项目如下:

○ 自己对对方抱有怎样的角色期待?
○ 对对方来说角色期待是否切合实际?
○ 自己对对方的角色期待是否已经准确地传递给对方?
○ 对方对自己抱有怎样的角色期待?
○ 你确定对方真的对自己抱有这样的角色期待吗?
○ 自己能够理所当然地接受对方的角色期待吗?
○ 假如自己没有办法接受对方的角色期待,该怎样让对方改变对自己的角色期待呢?

双方的角色期待是什么样

举个例子来说,在自己忙得晕头转向的时候,领导突然毫无预兆地安排紧急任务给自己,我因此感到暴跳如雷。

这种情形中,自己对对方究竟抱着怎样的角色期待?

实际上,我们大多时候没有认真梳理过这个案例中提问部分的内容。但是,只要稍加思索就能明白,自己对对方的角色期待或许就是"希望领导能够配合自己的时间给自己安排工作",或是"希望领导突然分派紧急任务的时候能够多为自己考虑一点"。

这个案例中,对对方来说,这样的角色期待切合实际吗?

世间本来就存在那种性格有点粗率、根本就不会考虑下属是忙还是不忙的领导吧?

这个案例中，自己对对方的角色期待是否已经准确地传递给对方?

如果自己没有清楚地告知领导"我现在正忙得不可开交，请不要再安排工作给我"的话，领导也许根本就不知道自己有多忙。

这个案例中，对方对自己抱有怎样的角色期待?

对方对自己的角色期待或许就是能够干练、火速地完成他分派给自己的任务吧。正因如此，才会感到怒不可遏吧。

你真的向对方确认过他对自己确实抱有这样的角色期待吗?

"我现在已经忙得如此不可开交，难道还得二话不说就接下这临时摊派下来的工作并火速完成吗?"不试着去问一问，怎么可能知道领导是否真的对我们抱有这样的角色期待呢?像这样能够切实做到向对方确认期待目标准确与否的人可以说寥寥无几。

当自己向对方确认过对方对自己的真实角色期待后，自己就能够理所当然地接受这种角色期待吗?

假如愤怒的情绪已经远超我们的"应激反应"，并且被愤怒情绪纠缠了很久，想要再接受它也许就会非常困难。

假如没有办法接受对方对自己的角色期待，那么应该怎样使对方调整他对自己的角色期待呢?

或许，我们可以让领导将他对自己的角色期待调整为"虽然我紧急安排了工作给你，但是，如果你确实忙得分身乏术的话，就可以推辞",或是"如果想要延长交付工作的期限的话,可以找我商讨一番",或是"如果确实不知道要优先处理哪一项工作的话可以找我好好谈一谈,商谈之后再适当地调整"这三种角色期待模式中的任意一种。

将有关角色期待的内容写在纸上仔细整理一番

在人际心理治疗中,整理有关角色期待的内容时,治疗者和患者会面对面认真详谈。但是,个人进行自我检视的时候,可以将相关的内容整理到纸上。

若是论及如何有效地解决问题,经过一番细致入微的检视,远比嘴上只说一句"看来那个人对你造成了心理压力"更有成效。自己也更加容易从身为受害者而深感无可奈何的无力感中挣脱出来,切实感受到在人际关系方面也存在一些自己可以掌控的东西。

"自他角色期待"不一致

熊猫理应老实遵从我的建议!

自己对对方的"角色期待"

兔子理应老实遵从我的建议!

自己对对方的"角色期待"

不一致

清清楚楚地告知对方"我希望你如何如何做"

在日常生活中,"自他偏离角色期待"的状况层出不穷。让我们一起来看一看详细的案例。

[例12] 当自己抱怨工作的时候,对方表示出感同身受的样子,自己因此感到愤懑。

像上述案例这种情形,我们需要审视的是,这个人究竟期待对方以怎样的方式来表达他的"感同身受",自己才会感到满足?这个人是否已经使对方知晓自己对他抱有这样的角色期待?出人意料的是,实际上大多数的人都没有告知过对方。

希望他人倾听自己的女人、想要帮助他人解决问题的男人

男性中绝大部分的人属于"解决问题型"的人。他们认为:"假如有人对工作产生愤懑情绪,肯定会帮忙出谋划策加以解决。"当自己的朋友冲着自己发泄愤懑情绪的时候,很多人根本就不知道还有"只需用心倾听并表现出感同身受一样"这样的选项。一般而言,当遇到问题的时候,男性就会冒出诸如"必须立即提出一些有效建议,帮忙解决问题才行"这样的强烈想法。有不少的男性真心实意地以为"仅仅听她说一说,却没有给予任何实质性的帮助实在对不起她"。因此,很多时候我们只需要告诉男性"你只需静静地听着,对我说声'确实让你受累啦'就好了""我不需要你给我提出任何建议",男性往往就会表现得非常得体。

假如对方是一位天生腼腆的人,大概就很难说出诸如"确实让你受累啦"这样的话吧。

这种情形之下,或许将"仅仅倾听"理解为"就像自己亲身感受到的一样"的外在表现,或是对方询问"你难道不觉得非常劳累吗?"的时候,只需回答"是啊"就可以通关了。然而,实际操作中也应该根据对方的性格或能力来思量他"期待对方扮演的真实角色"。

[偏离角色期待]

女朋友:"希望你能明白我的感受。"

男朋友:"我得赶紧提出有效建议才行。"

(→告知对方"只需静静地倾听就行了")

根据对方的行动模式设定"角色期待"

[例13] 自己加班明明已经感到非常疲累了,丈夫却丝毫没有表现出帮忙做家事的打算,怒火中烧!

这里需要检视的第一个要点同样在于"**你对对方的真实角色期待是否已经准确地传递给对方**"。

试着检视一下,你是否一直以为只要自己晚归,丈夫就理应知道自己因为加班感到非常疲累;或是,当你感到非常疲累的时候,你是否觉得此时希望丈夫来帮忙做家事是天经地义的事情,而没有切实地用言语告知对方自己对对方的这种角色期待。如果你已经向对方表达了这种角色期待,而对方就是没有按照你的角色期待去做,那么需要考虑的就是,**或许你对对方的角色期待不切实际**。

一方面,平日里不怎么做家务的男性中,有些人是觉得自己对家务活儿根本就不擅长,因此"无人指示的话,一般就不会主动参与其中"。这是因为他们害怕自己贸然参与其中,会遭受他人的责难。另一方面,也有些人是自己想做什么事情就会放手去做的类型,但是,一旦被他人指手画脚就会失去动力。这种情形之下,可以先与对方认认真真地详谈一次,以明确对方究竟属于前述中的哪一种类型。

按照类型调整"角色期待"

假如对方是**必须耳提面命才能行动的类型**，你期待他"没有任何嘱托也能够主动去做家务"的话，根本就不会产生你想要（期待）的结果，还不如趁早放弃，对他做出明确的指示，或是设计出一些具有指示功能的家务分配制度（比如，制作家务检查单，使丈夫能够通过检查单主动确认自己应该做的事项等）。这个时候，如果将自己对丈夫的角色期待调整为"只要认真嘱托对方，对方或许就会去做"的话，就比较切合实际。

尽管妻子仍然会气急败坏："我加班到很晚本来就已经这么劳累了，竟然还需要我下达指令才会帮忙做家务。"但是，如果妻子对丈夫的角色期待是一个丈夫根本就扮演不了的角色，那么，妻子就不会得到任何想要的结果，只会给自己造成莫名的心理压力。

假如对方是**不喜欢他人指手画脚的类型**，可以使用一些能够让对方产生动力的理由，比如，"亲爱的，我今天加班到这么晚，真的觉得非常疲惫，假如你愿意帮我干一点家务活儿的话，那就非常感谢啦"之类。换而言之，也就是将自己对丈夫的角色期待从"依照自己的指示去做家务"，调整为"以对方想做家务为基础，从而引导对方帮助自己完成家务活儿"。或许，妻子在丈夫展开家务劳动的时候，很多地方都会禁不住想要插嘴干涉。但是，"让他依照自己的指示去做"的角色期待一般也不太可能得到自己想要的结果吧。无端插嘴干涉的话，只会令丈夫不想再做家务。

一个人属于哪一种"类型"，映射出的是这个人与生俱来的个性和过去的人生，不是想要改变就能够轻易改变的东西。因此，只有自己放下那些没有办法实现的对他人的角色期待，我们才能够活得更加通透。

实际上，这是心理创伤在作怪

仅从"降低角色期待水平"的视角来看，大概会觉得这样的调整好像就是"迫于无奈，只得将自己痛苦的感情或内心的感受控制住不让其表现出来"吧。事实并非如此。妻子并非仅仅因为家务活儿有增无减这种物理性因素对丈夫感到愤怒，而是因为内心的创伤——"我都已经如此疲惫不堪，你却一点儿都不愿意怜惜我"。

实际上，丈夫只是"需要妻子下达明确指示才会有所行动，否则就什么也不会去做"，但是，妻子却往往解读为"**不主动帮忙做家事＝不爱我**"，因此才会心生怨愤。

不过，根据丈夫的行动模式调整自己对丈夫的角色期待，让妻子更加容易感受到丈夫对自己的爱。

以这种结果归因而言，不太可能会产生"迫于无奈，只能忍受"的感觉。

由于自己单方面对丈夫施以不太恰当的角色期待，这种不当的角色期待就屏蔽了自己充分感受丈夫对自己的爱的感知能力。这样思考的话，应该就比较容易理解了。

或许，夫妻之间存在的问题并不在于"有没有干家务活儿"这件事。假如丈夫对妻子外出工作这件事情本来就感到愤懑，那么，很多时候就会在帮忙做家务活儿之类的事情上表现出不合作的态度。如果妻子始终都不肯跟丈夫敞开了谈一谈,找出丈夫对自己真正感到愤懑的原因,那么,两个人之间的夫妻关系就会慢慢地形同陌路。既然谈就要谈到其本质的部分,而不是在"丈夫是否帮助妻子干家务活儿"这样的表面现象上下功夫。唯有这样双方的关系才可能得到改善。

"丈夫不愿意干家务活儿"的背后肯定存在某些原因。如果妻子能够跟对方一起去探究事件背后的深层次原因,朝着这样的方向去下功夫,就一定可以从"受害者思维禁锢——感到愤怒——疲惫感不断累积"的状态中挣脱出来。

[偏离角色期待]

妻子:"期待丈夫能够体贴我的疲惫不堪,无须我开口就能够帮忙干家务活儿。"

⇕

丈夫1:"不太清楚太太为什么总是心浮气躁。"(→**妻子主动找丈夫谈一谈**)

丈夫2:"太太嘱托我干什么的话我就会干。"(→**对丈夫做出明确指示;设计出具有指示功能的家务分配制度清单**)

丈夫3:"当自己干活的时候,一旦被他人指手画脚,便会失去动力。"(→**说出能够让丈夫鼓足干劲的理由**)

首先,我们需要充分了解"对方在期待什么"

[例14]"你大概会几点钟回家?"等,喜欢什么事都横加干涉的母亲,令人心情郁闷。

让我们试着一起整理一下,在这种情形中,你对母亲抱有怎样的"角色期待"和母亲对你抱有怎样的"角色期待"吧!

为此,我们需要先充分了解母亲为什么要问"你大概会几点钟回家"这样的问题。既然我们一直都觉得这是母亲对自己的横加"干涉",那么,就从这究竟是不是母亲的横加干涉来进行检验吧。最简单的办法就是反问母亲:"为什么你这么想知道我几点钟回家呀?"

母亲对自己的角色期待究竟是什么?

母亲在身为人母的同时也是自己的同居人。如果不知道同居成员大概几点钟回来的话,或许,对于锁门、整理厨房等方面的家务事会存在某些烦恼。像前述这样的情形,可以从同居人的视角去思索合适的解决方法。举个例子来说,或许双方可以协商出"晚上11点钟之后才回到家的人,必须负责锁门和整理厨房"这样的约定。

母亲对自己的角色期待真的适合自己吗?

当然,由于母亲终归是身为人母,肯定每时每刻都期望自己的子女平平安安。也有一些母亲因为担忧自己的子女可能被卷入什么突发事件,想要预先知道他们的回家时间。假如是一个人独自居住,通常就会存在这种程度的风险。母亲对子女的担忧究竟到何种程度才算合理,母女俩可以坐下来推心置腹地谈一谈。如果双方觉得某种担忧程度还算合理的话,或许就可以协商出"超过晚上11点钟一定要保持联络"。这样做的目的并非迎合母亲对自己的过度干涉,而是身为一个成年人要向担忧自己的家人确保自己的安全。

或许,也有可能是母亲确实不愿意让自己的孩子过于独立,总是喜欢干涉孩子的事情。倘若真是如此,可以清清楚楚地告诉母亲:"我已经长大成人,请你尊重我是一个成年人的事实。"虽然我们不知道母亲是否能够立即接受这个既定事实,但是,我们应该懂得这是一个值得我们去下苦功的方向。

母亲没有办法戒断的口头禅

此外,还有一些人问"你大概几点钟回来呀?"就像是说"路上小心"一样,没有太多的含义。这种情形,只需对母亲说,"我每次听到你问我'你大概几点钟回来呀',就觉得自己好像被禁锢了一样,不要再这样问我了",或许,母亲就会蓦然觉察到这是自己的口头禅从而不再这么问了。

或许，母亲可能会回复自己"这只是我的口头禅，你不要介意，不回答我也没有关系"。口头禅顾名思义就是一种"口头上的习惯"，即使刻意想要改变，也很难改变。假如这是母亲没有办法戒断的口头禅，那么，母亲需要扮演的角色就会转变为"即使没有得到孩子的回应也不要介意"，而不是"让她戒掉自己的口头禅"。

综上所述，同样是一句"你大概会几点钟回家呀？"的问话，我们内心深处映射出怎样的角色期待，会大大影响我们要怎样表达对自他角色的期待。只要我们表达出来的建议符合母亲对自己的角色期待，就可以顺利调整好彼此对对方的角色期待，否则就只会持续演绎不会产生任何结果的相互对立而已。

举个例子来说，如果母亲只是介意谁来锁门、整理厨房这件事情才问及你的回家时间，那么你回复她"不要老是干预我的事情"，只会让她觉得你"非常任性"而已。很有可能变为母亲向你发出"你不要那么自私行吗？"之类的诘责，这反过来又会让你更加恼怒。

在调整角色期待的时候，需要我们先了解对方的言谈举止反映了对方对自己抱有怎样的角色期待。

如果我们没有预先充分理解对方对自己的角色期待，我们便也没有办法做出符合对方期待的角色扮演。

并非只要表达出自己的看法就可以了。

[偏离角色期待]

我:"不希望妈妈老是来干预我的事情。"

⇕

母1:"由于自己担心夜间锁门的事情,因此希望自己可以明确地知道女儿的回家时间。"

（→双方约定晚上超过11点回家就必须负责反锁好房门）

母2:"由于担心自己的孩子,希望孩子晚上能够早点回家。"

（→告诉母亲:"我已经成年,请尊重我"）

母3:"不由自主地问及孩子回家的时间。"

（→恳请母亲纵然自己置若罔闻,也不要介意自己的态度）

妄图改变他人的言谈举止往往是徒劳的

在前面的章节提到过的案例中往往也是这样,在调整自己对对方的角色期待时,有一个需要注意的重要之处。

那就是"不要妄图改变对方"。自己对对方的角色期待必须在"现在的他不用勉强自己就能够做到"的范围之内。

[例15] 对下属在得到自己的训诫之后仍然我行我素的态度感到厌烦。

多数情况下,令人产生愤怒情绪的导火索往往是"自己明明已经非常努力地试图改变对方,结果却一无所获"这个事实。

这里之所以说是"一无所获",那是因为人往往就像俗话说的那般"江山易改,本性难移"。

如果我们还自以为是地认为自己能够改变对方,那就不太可能摆脱愤怒情绪好好地过安生日子了。

"我明明都是为了他好……"也是日常生活中比较常见的一种愤怒模式。自己为了对方不辞辛劳地付出,倘若对方一直没有花费力气发生任何改变来回馈自己的付出,也会让自己感受到挫败,从而怒气冲天。

这种愤怒情绪的起因也是这种"只要我真心实意地付出,对方肯定会发生改变"的自以为是的心理在作怪。

人只有遇到某种"合乎时宜的契机"时才会发生改变

人固然会发生改变，但是，人不可能"被他人所改变"。

每个人都有各自的成长历程。当自己内心想要发生改变，且已经完成做出改变的一切准备时，就会渐渐地发生改变。

纵然这里存在某些触动人们做出改变的契机，但是，那是因为自己的成长历程与那个触动自我发生改变的因素所显现的时机刚好吻合。相同的因素在不同的人面前也有可能完全发挥不出任何效用。很多年前阅读的时候一点都没有被感动的书籍，现在再读却成了改变自己人生的书，想来类似的情形也不足为奇吧？

假如对方不当的言谈举止单纯只是因为缺乏一定的常识所导致的结果，那么，只要当面指出对方的不当之处，对方也许就会发生改变。

这种情形与其说是对方发生了"改变"，还不如说是"恍然大悟"或"茅塞顿开"。

假如当面指出对方的不当之处，对方仍然没有发生任何改变，很有可能就是"现在这个阶段尚且难以改变"。一直期待这样的人发生改变，自己的期待就会落空，并且会一直"承受着这种伤害"。

无须对方发生改变就能够让对方愿意扮演的角色期待

假如对方在现在这个阶段没有办法发生改变，那么，将自己对对方的角色期待转变为对方现阶段愿意扮演的角色就更加切合实际了。

举个例子来说，面对一个不能每天准时反馈工作现状的下属，期待他"无须自己下达指令就能够主动进行反馈"的话，那么期待肯定会落空，愤怒情绪就会因此不断累积。这种情形之下的建议是，上司可以单独找下属开诚布公地聊一聊自己的想法，认认真真地思考，看看需要调整为怎样的形式对方才能够做到。

这个时候，为了避免工作业务的进展受到影响，我们给予对方的底线应该是"每天必须收到工作报告"。如果上司对下属的角色期待是这样的话，可以试着将自己对对方的角色期待调整为"当问及'你的工作报告呢？'，对方就能够当即反馈工作现状"，也可以协商出一个固定的提交工作报告的时间，养成在约定时间反馈工作现状的习惯。

"本来都已经是步入社会参加工作的职场人了，理应无须鞭策就能自动反馈工作报告"等，像这样执拗地对对方抱有这样的角色期待的话，只会给自己酝酿出更多的愤怒情绪罢了。

光是停止斥责就会产生效果

或许,你会担忧自己若是停止责问,下属大概就不会成长了吧,但事实并非如此。

人大都是会持续成长的生物,只需充分营造合适的环境,就会渐渐地发生改变。尽管我们没有办法使他人发生改变,但是,我们可以营造出一个让人容易发生改变的环境。

因此,与其试图用斥责的方式来改变对方,还不如认真研究一下究竟是什么因素阻碍了对方发生改变,然后再帮对方除去这个障碍物。一旦开始这样做的话,就会初见成效。

这个阶段需要注意的是,在与对方谈话的过程中,应该会逐渐明白自己该怎样调整自己对对方的角色期待。

或许,无须做得如此细致入微,光是停止斥责和改变没耐心的态度就会产生一定的效果。

人在受到来自他人的批判时,会启动自我防卫模式。这个时候只要停止斥责对方,对方就很有可能逐渐变得积极起来。

向对方传递"难言之隐"的方法

[例16] 自己借给他人的钱财或书籍,对方一直没有归还,自己感到怒火中烧。

无论是谁都希望自己借出去的东西能够如期归还。但是,由于双方对于归还的速度标准不太一样,一旦对方的标准跟自己所期待的有差距,就会引发自己的愤怒情绪。

这个时候,自己对对方的角色期待是"希望借出去的东西无须自己提醒对方也能尽快归还",但是,自己对对方的这种角色期待好像跟对方的行为模式不太一样。那么,此时就必须根据对方的行为状态调整自己对对方的角色期待了。

换言之,就是必须将自己对对方的角色期待调整为"只要自己一提醒对方,他就会立刻归还"。

因此,这个时候就需要我们主动向对方催讨。

但是,开口向他人催讨东西本来就不是一件容易的事情。

当自己遇到向借方催讨钱财债款这一类问题的时候,还会有所顾忌"害怕被对方将自己认定为胸襟不够宽广",因此会很难说出口。

试着"精准地"传递自己对对方的角色期待

这个时候,建议你试着认真地思索一下,自己到底要怎样做才能"精准地传递自己对对方的角色期待"。

换言之,这个时候不仅仅是要求对方归还借走的钱财,同时还要向对方传递"希望你不要觉得我胸襟不够宽广"的信息。

当然,如果这个时候你直截了当地跟对方说,"我希望你尽快归还从我这里借走的钱财,但是,请你也不要觉得我很吝啬"之类的话,好像也特别奇怪,因此,可以随机应变改变自己的说辞:"我这个月确实急需用钱,前一阵子你从我这里借走的钱,能不能麻烦你先还给我呢?"假如只是一些小钱,不妨这样说,"我今天出门的时候忘了带钱,假如你能够还我先前借给你的那笔钱就再好不过了"。

假如借出去的是书籍,可以跟对方这样说:"我已经答应另一位朋友×号的时候要将这本书借给他看,你能否在那之前将书还给我?"

当然,如前所述的"这个月急需用钱""出门忘记带钱""已经答应将书借给其他朋友"等说辞**都只是权宜之策,不一定非得是既定事实。**

这些说辞都只是为了向对方传递"我不是因为吝啬才要你还给我,而是另有隐情"所采取的更加委婉的说法。

如果一个人内心深处觉得忐忑不安,比如,担忧自己"一旦向他人催讨东西,就会被他人认定为吝啬鬼"的时候,就没有办法完全掌控当下。

只不过自己仅仅要求对方归还从自己这里借走的财物的话，就好像是向对方彻底交出了事件解释权，自己只能任凭对方对自己提出任意看法。

但是，如果自己跟对方说出"这本书已经答应借给其他朋友，请马上还给我"这样的话，既能要回这本书，又能够保全彼此的面子，如愿以偿地"在自己没有被他人认定为吝啬鬼的状态下要回了自己的书"。这种时候，自己会产生某种好像能够如愿掌控状况的感觉。

借着上述做法顺利找回"能够即时掌控现状"的感觉，彻底摆脱"受害者"思维，就能够真正平息自己的愤怒情绪了。

[偏离角色期待]

我："希望对方归还从自己这里借走的钱。""不想被他人将自己认定为吝啬鬼。"

⇕

朋友："……（忘记了）""等他催我的时候再还给他吧。"

（→对朋友说："我这个月确实急需用钱，希望你能够马上还钱"）

自己可以决定自己究竟想要"维持怎样的关系"

[例17] "酒量特别大的朋友"和"不会喝酒的自己",每次聚餐都让自己平摊聚餐费用,自己觉得有点郁闷。

诸如此类不公平的情况如果一直持续下去,就会不断累积自己的愤怒情绪,因为自己接连不断地"受到伤害"。这种时候,只要向对方传递出"我只想支付自己应付部分的餐费"的角色期待,就能得到有效回应。

但是,我想肯定有人会觉得"事已至此,自己实在说不出口"。对方或许会感到非常意外,"原来你内心一直隐藏着愤懑情绪,但从来都没有当面表现出来过吗?"如此一来,就会让彼此之间的关系变得十分微妙。理想状态下,一般只要在第一次的时候向对方表明心迹就可以了。然而,很多人一开始想的往往是"就一次也没什么……"然后就会一直重复同样的情况。

遇到这种情形的时候,到底应该如何解决才能皆大欢喜呢?假如自己非常珍视跟对方的关系,希望今后都能够一直维持这段朋友关系,以结果归因来审视,还是鼓足勇气跟对方说出自己心里的真实感受更加利大于弊。这个时候也可以采取这种权宜之策,等到某一天试探他一下:"我最近有点入不敷出,我可以只支付自己所喝部分的酒水钱吗?"大多数时候或许对方只是没有充分意识到平摊餐费这种不公平的状况，一旦被人提醒之后才恍然大悟："是啊，你根本就没有喝酒呢。"这样做的话，或许从今往后他的这种习惯就会发生改变。待到下一次再聚餐的时候，你可以采取同样的借口"实在对不起啊，我今天的预算也有点少……"。那么，应该要不了多久你们之间就能形成一种新的聚餐习惯。

如果对方对上述这样的做法感到愤懑，那就表明他的价值观与自己的完全不一样。如果这样，你们也还要继续做朋友吗？或是，你们可以继续做朋友，但是，不当酒友，而是在其他方面维持友谊。其实你有很多选择。

如果自己一直停留在"跟对方聚餐就得多花钱"的状态，那么就会彻底沦为"受害者"。假如在决定自己究竟想要跟对方维持怎样的关系这方面，能够自己做主，不受他人支配，就能够彻底摆脱"受害者"思维。

[偏离角色期待]

我："希望能够公平地分摊聚餐费用。"

⇕

朋友："……（没有意识到均摊聚餐费用的不公平）"

（→对朋友坦白："我现在有点入不敷出，可以只支付自己所喝部分的酒水钱吗？"）

对方自然有对方的"理由"

实际上所有人都存在各自的"理由"。

与生俱来的条件、生长环境、现在的生活和工作上存在的问题等,每一个人的真实境况通常只有当事人才知晓其本来面目。

所有人都处于各自的境况之中,各尽所能地活在这个世间。纵使外人看来觉得自己"不够上进",但是,当事人通常已经在自己所处的境况中竭尽全力了。

这就是我们没有办法改变他人的根本原因。对方已经在自己的人生赛道上竭尽全力,根本就没有充裕的精神气力倾听他人说要怎样让当下的自己发生改变。

在思忖自己对他人的角色期待时,如果能够抱着"有些境况只有当事人本人知晓,他的现状就是他已经竭尽全力好好努力活着的结果"这样的观念,就不会累积太多的心理压力。让我们来看一看下面的案例吧。

[例18] 后生小辈妄自尊大的态度非常惹人厌烦。

每天上班总是被不得不碰面的后生小辈无故激怒,自己的生活质量肯定会降低很多吧。尽管自己非常喜欢这份工作,但是,就因为职场上总是存在这样的人,很多时候一想到这些人甚至都不太想去单位上班。

这里所提及的后生小辈妄自尊大的态度惹人厌烦的情形，有时候或许只是"自己身为职场前辈却没有得到后生小辈的尊重，感到很受伤"，又或许是"自己一向都非常尊敬职场前辈，凡事都很克制，从来没有在他人面前表现出过目中无人的态度"的心情吧。从"没有办法相信这个世界上还存在这样的人"的视角来看，也算得上是一种"原定计划被打乱"的情形。

不过，那位后生小辈的态度之所以会如此倨傲无礼，肯定也存在某种特定的"原因"。

认真思量"他人行为背后的心理成因"

举个例子来说，从小到大一直处于优胜劣汰的成长环境中的人，或许会以为只要自己向他人略微认输就会被他人欺辱，或是对他人抱着强烈的戒备心，根本就无暇顾及与他人之间的心灵交流。如果自己不采取这种自我至上一般的姿态，就没有办法与他人交往似的。想来或许也有人是因为自身存在某些发展障碍，不善于平衡整体局势的发展走向吧。不过，当下的状况只能代表目前的处境。

当人们渐渐地适应了当下所处的生存环境之后，人际关系方面的问题也会随之发生改变。内心深处对他人产生的不安全感，也有可能通过治疗，或是在日常生活中不断实践慢慢得到改善。倘若是因为自身存在某些发展障碍，那么，在逐渐意识到自己不擅长应对某些事物的过程中，理应学会如何接纳别人针对自己"你这样跟人说话听起来有点倨傲无礼"的批评。

无论属于前述的哪一种情境，每个人都有他自己必须独自走完的历程，并非一时三刻就能够彻底发生改变。如果只是采用"倨傲无礼"这样的视角去审视一个看起来非常倨傲无礼的人，自然就越审视越觉得他倨傲无礼。假如能够预先抱着"他人那些不当的言谈举止的背后肯定存在某些特定的原因"的认知思维，自己的烦闷心情就会舒缓很多。

[偏离角色期待]

我："理应改掉倨傲无礼的态度。"

⇕

后生小辈："如果轻易示弱于他人的话，就会被他人欺辱。"

"不采取这样的强势姿态的话，就没有办法与他人正常交往。"

（→预先抱持"后生小辈可能只是存在什么难言之隐"的认知思维）

必须消除偏离角色期待的人，无须消除偏离角色期待也无伤大雅的人

前面我们针对偏离角色期待的情形谈了很多内容，但是，我们究竟应该投入多少精力来修正这种偏离角色期待的情景呢？假如需要我们竭尽全力消除所有人际关系中显现的偏离角色期待的情景，想来也会筋疲力尽吧。

那就请允许我先以示意图例的方式来解说我们的人际关系。

首先，距离我们最近的往往是跟我们的关系十分亲密的人，这里不妨统称为"重要他人"；其次，虽然跟我们的关系没有那么亲密无间，但是，也还算得上是关系比较亲密的亲朋好友等的关系；其他，诸如职场上的人际关系等。

与"重要他人"之间的偏离角色期待的情景，最好尽早消除掉。

倘若一直对与"重要他人"之间产生的严重偏离角色期待的情景置若罔闻，那么，由此而生的绝望感和无力感就会影响到我们日常生活的方方面面，更有甚者，可能引发我们罹患上抑郁症等心理疾病。

一方面，这终归是每天一见面就得直面的现实，心里不停地想："自己没有办法消除已经偏离角色期待的情景。"由此产生的心理压力确实非同寻常。

另一方面，与亲朋好友间的人际关系并没有那么亲密无间，因此可以断定"人际交往中存在一些偏离角色期待的情景，那也是无可奈何的事情"。纵然自己想要坚守自己生而为人的不容让步的底线（例如：希望由自己决定如何选择自己的配偶等），但是，实际上很多时候还是可以适当退让，大不了也就是双方偶尔碰面时被对方啰唆几句。既然对方没有任何恶意，那也就听之任之了。

不要过问那些"无足轻重的事"

再者，在职场上的人际关系，"只需在有利于顺利展开工作的必要范围内适时调整自己对他人的角色期待就可以了"。

即使自己没有办法接纳对方为人处世的方式，但是，只要对方的行为举止不会给自己的工作带来障碍，就可以对他的缺点视而不见。

举个例子来说，你觉得同事的衣着穿戴"不是一个步入社会参加工作的职场人应有的衣着打扮"。但是，倘若同事那样的衣着穿戴并不会给自己的工作造成障碍，那么，这件事情就是"无足轻重的事"。如果对方是业务员，那样的装束会降低企业的工作业绩的话，就需要找对方开诚布公地谈一谈了。

根据"关系亲密度"调整行为表现的方式

我

家人、男女朋友、至交好友等（重要他人） —— 尽可能地消除角色期待方面所存在的不一致

普通朋友、亲戚等 —— 存在一些角色期待方面的不一致也无伤大雅

同事、领导等职场上的人际关系 —— 只要不妨碍工作进展就不足挂齿

> 只要不妨碍工作进展就睁一只眼闭一只眼？

[例19] 不能容忍同事在背地里辱骂他人。

纵然亲眼看见同事在背地里辱骂他人，但是，只要他在工作业务方面没有造成实质性损害，那就都是"不足挂齿的事情"。或许大家暂时难以接受这样的观念。倘若你根本就不打算与那位同事继续深交下去，对方的为人究竟如何真的无关紧要。

换句话说，既然对方做出这种"在背地里辱骂他人"的行为，那么，这就属于对方的个人边界了，跟我们毫无关系。更何况，对于此类喜欢背地里恶意中伤他人的人来说，也存在很多出人意料的风险。既然他自己乐意担负这样的人生，身为外人的我们就没有必要对他的言谈举止说三道四。

没有必要非得跟对方融洽地相处

当然了，如果这种情形真的给我们造成了实质性损害，就需要我们适当处理。这个时候的目的同样不是为了"矫正对方喜欢在背地里恶语中伤他人的陋习"。因为自己既不是对方的师长，也不是对方的家人，没有理由非得去矫正对方的行为。我们**甚至没有必要非得跟对方和睦相处**。只要他不来妨碍自己的工作就随他去吧。

如果你硬要质问我，这个时候为什么我们不要去理会那个喜欢在背地里恶意中伤他人的人呢？因为这个人从在背地里恶意中伤他人到对他人造成实质性损害为止，他一定也有他的"有口难言的苦衷"。而且,他的难言之隐应该也非常复杂难懂。我们往往改变不了他人。即使我们向他当面提出"请你不要再在背地里放冷箭伤人了"的具体愿望,他也未必能够改掉这种恶习,反而很有可能令对方感觉受到了他人的攻击,进一步强化了他的反击心理。这个时候不妨寻求周围其他人的帮助,做好更有效的防御措施。

[偏离角色期待]

我:"我希望对方不要总是在背地里恶意中伤我。"

对方:"××(我因为某些难言之隐变成了'喜欢在他人背后放冷箭伤人的人了')。"

(→转换认知:只要对方没有给自己造成任何实质性损害,即使被对方在背地里恶语中伤也不足挂齿)

当大家谙习本章介绍的有关"偏离角色期待"的种种观点之后,下一章我要谈的是有利于调整自他偏离角色期待的沟通方式。

Step3 重点归纳

"偏离角色期待"是什么意思？

1

如果你总是看对方不顺眼，就需要好好检查一下自己对对方的"角色期待"是否有所偏离。

2

将自己对对方存在怎样的角色期待认认真真地整理出来，简明扼要地传递给对方。

3

认认真真地明确对方对自己存在怎样的角色期待。

4

一切妄图改变他人的言谈举止都会徒劳无功。

5

认真思量对方值不值得你花费精力去消除偏离角色期待。

Step
4

如果能够掌握这样的话术，就不会引起他人的抗拒

"不愤怒""不激怒他人"的沟通术

"评价"是对他人的暴力行为

本章要为大家介绍的是,如何巧妙利用沟通话术控制愤怒的方法。这里存在一个前提条件,需要我们事先明确"肆意评判他人也是一种暴力"这个事实。我在前文中也提到过,我们每个人都存在一些不为他人所知的"理由"。一旦有关自己的某些事情被不明就里的人妄加置评就会被激怒。

举个例子来说,临时接到上司的紧急任务而不得不取消约会的时候,自己明明已经非常懊丧,并对约会对象充满歉意,但还是被他人不容分辩地斥责一番:"你这个人活脱脱一个工作狂!"那么你肯定会当场被激怒:"你根本就没有考虑过我的感受!"

或是,自己正忙得头晕目眩没有空闲时间整理桌面的时候,听到他人诸如"真是没想到,你这个人这么不爱干净"之类的批评,那么自己同样会被激怒:"你根本就不知道我已经忙到了什么程度!"

"工作狂"和"不爱干净"都是他人给予我们的"评判"。

我们自以为的"评判",就是我们试图以自己的思维模式去解释自己的眼见之实,但是,它往往已经严重偏离对方所处的真实情况。将自己的评判强加于他人,好像自己的评判就是真实情况似的,这是非常暴力的事情。

请大家试着认真回顾一下那些曾经激怒自己的话语,几乎都

是"别人在给自己妄加评断",难道我说得不对吗?

提醒对方"我希望你(具体)这样做或那样做",但不希望你对我妄加"评断"

评判本身就像是在攻击对方,会激发对方的愤怒情绪,并遭受对方的回击。"你这个人活脱脱就是一个工作狂!"听到这样的话语的人或许会反唇相讥:"你说这话到底是什么意思!"

或是,"真是没想到,你个人居然这么不爱干净",无端被他人如此评判的人,可能会反过来讥讽对方:"我可不像你整日无所事事!"

当人遭受这样的反唇相讥后可能会激发出更大的愤怒情绪。所以说,肆意评判他人会激发愤怒情绪的连锁反应。这就像打架斗殴时双方互不相让一样,一来一往无尽无休。

这个时候,理应让对方知晓的是"我希望你(具体)这样做或那样做",而不是"我想要给你怎样的评判"。

只需关心重视那些已经造成问题的行为举止

前一章我在谈及怎样调整角色期待的时候也有提到,他人对自己的肆意评判会引发副作用。因为当一个人听到他人负面评判自己的人格,就会启动自我防卫模式,再也不愿意跟对方一起努力适应彼此对对方的角色期待。

一个人一旦开始诉说心里的愤懑,很容易就会脱口而出诸如

"你总是……"或"你一点儿都不打算……"等针对对方人格妄加评断的话语。

然而,此处的要点并非"改变对方这个人",而是"促使对方改变他的行为"。正如前面章节中提到过的那样,虽然我们没有办法改变他人,但是,我们可以想办法促使眼前这个人在可能的范围内改变自己的行为。

换而言之,我们只需重视那些已经造成问题的行为即可。

因此,这个时候,我们只需提醒对方"你的这种行为让我非常困扰"就可以了,而"你呀真是……"之类的评价只会适得其反。当一个人脱口而出诸如"总是""一点儿都不"这样的绝对性词汇时,一般而言,这就已经是在对他人进行人格批判,需要多加注意。

这种时候,只需要给予对方人格方面的信任,以商讨的口吻提醒对方:"我觉得你这样的行为让我非常困扰,可以麻烦你想办法配合我一下吗?"

尽可能采用以"我××"开头的句式,而不是"你××"的句式

为了促使他人能够及时回应自己对对方的角色期待,如果能够"直接告诉对方自己的理由"的话,就会行之有效。跟对方沟通的时候,尽可能地采用"我"当主语。

如果采用"你"当作主语跟对方进行交谈,肯定会让对方觉得自己是在批评对方。前面已经提到过,当一个人一旦被他人妄加评断的时候,就会启动自我防卫模式,难以展露配合他人的态度。这种情形,如果直接向对方表述自己的理由请他帮忙,效果就会立竿见影。

举个例子来说,当自己跟对方的约会被迫取消时,不要怪罪对方,只需表达自己诸如"我一直都非常期待我们之间的约会,觉得十分可惜"这种当下的感受即可。这样转换一下表达方式,或许就能够得到对方更加真心实意的补偿。

含糊不清、令人不得要领的表达方式会激发他人的"愤怒情绪"

除此以外,如能真正做到"开门见山地告诉对方自己的理由",就不太会发生"偏离角色期待"的情形。

含糊其词的间接性沟通方法很容易导致自己的言谈举止偏离对方对自己的角色期待。喜欢以唉声叹气或缄默不语的方式来

表达自己的愤懑，说起话来习惯避重就轻、旁敲侧击等，采用这些令人不得要领的表达方式迫使他人费尽心思来"揣度自己的心意"，对方又不是擅长读心术的超能力者，这样拐弯抹角地让人猜来猜去一定会产生误解。

出乎意料的是，我们往往以为通过前述这种方式"已经将自己的想法传递给对方知晓"，几番阴差阳错之后，最终变为诸如"我明明已经告诉对方我对他的角色期待，他却不肯照着我说的去做"这样的情形。

因此，便会产生愤怒情绪。

虽然不能闪烁其词，但是说话方式要随机应变

倘若硬要问及为什么我们在跟他人沟通的时候喜欢说一些含糊其词的话语，表达总是拐弯抹角？大概是因为我们担心"如果自己直抒胸臆，说不定会伤害到他人"。

果真如此吗？经过检验之后就会发现，让人感到"受伤"的沟通方式，绝大多数都是像"真是没料到啊，你居然如此不爱干净"这样采用"你"作为主语的话语。

前述这种的说话方式确实会伤害到他人，但是，我们得明白，并非直接性沟通方式会使人感到受伤，而是因为对方对自己妄加评断的才会如此。

只要我们能够真正做到"直接向对方表述自己的理由"，就属于不太会让彼此对对方的角色期待产生偏离的沟通方式。只要角

色期待不会产生偏离,那么也就意味着不会轻易激发他人的愤怒情绪。

不会激发他人愤怒情绪的表达方式

举个例子,如果你对于对方将桌面弄得杂乱无章的事情确实不堪忍受,那也不要说出诸如"真是没想到啊,你居然如此不爱干净"之类的话语,而应该试着对他说:"我一看到杂乱无章的桌面,就担心你找不到想找的东西。"这样一来,对方也许会给你一个正向回应:"让你这么担心我,真的不好意思。等我的工作告一段落之后,我一定收拾得整整齐齐。"

或是,对方大概会客客气气地跟你解释:"你不用担心。虽然桌面乱七八糟,但是,我还是能够顺利找到我想要的东西。不过,这看起来确实过于杂乱无章了。"

或许,他在朝你微笑着说出"真的不好意思"的同时,心里实际上在犯嘀咕:"这还真是一个喜欢咸吃萝卜淡操心的领导。"但是,起码不会出现当听到你说出"真是没想到啊,你居然如此不爱干净"这种话时,气不打一处来的情绪反应。

跟对方谈话时，是"拜托"对方，而不是"要求"对方

为了促使对方积极响应你对他的角色期待，不去肆意"要求"对方显得尤为重要。

事先陈述理由再拜托对方配合的做法非常明智。假如是单方面要求对方，就会变为好像自己在逼迫对方就范似的。如此一来，对方就可以不配合自己了。

"假如你愿意帮我××的话，那就太感谢你了"，这种话术就是"拜托"。这使得对方既可以拒绝你，也可以选择跟你达成合作。

"去干××"就是要求对方去做什么的命令式语句。然而，无端的"要求"会让对方感到莫大的心理压力。很多时候，只是因为对方在你的话语里感受不到自由拒绝的权利以及合理修改合作内容的自由，甚至从中感受到了威逼，便会进行自我防卫，予以反击。

比如，你临时接到紧急任务而被迫取消约会的时候，如果听到对方说"你一定要好好补偿我""以后不要再爽约"之类的话语，或反唇相讥，或随口搪塞"我尽力而为吧"，或预先设置心理防线"我很忙啊"，抑或当场回击"你说这话到底是什么意思"。

侵犯对方个人边界的说话方式

所谓"要求",就是擅自跑进别人的领域里指手画脚,侵犯了对方边界。

换言之,"要求"属于"以'你'为主语"的沟通。上面这个案例,向对方提出要求的前提条件是"你做了什么超越本分的事情"。"你一定要补偿我"体现的是想要控制"你"的说话方式,侵犯了对方边界。

不过,若是"如果近期我能见到你的话,我会非常开心的"这样的话,相信对方听了也会尽力满足你的期待。这么说的前提条件就是向对方展露自己的情绪——"因为我非常期待,所以才会感到遗憾",而"近期若是能跟你见面,我会非常开心"就表达了自己对对方的角色期待。这就是没有侵犯到对方个人边界的"以'我'为主语"的沟通方式。

当他人闯进自己的边界时,人们就会想办法将其推出去。只有守住自己的个人边界才有充裕的精神去探讨怎么跟对方合作。

因此,"拜托"比"要求"更容易让角色期待得以实现。

我们在要求他人的时候显然更加用劲,这令人哭笑不得。这样沟通的话,对他人的期待更加容易落空。所谓"响鼓还需重槌敲",根本就是人们的误解。

一旦越界，就会引发冲突

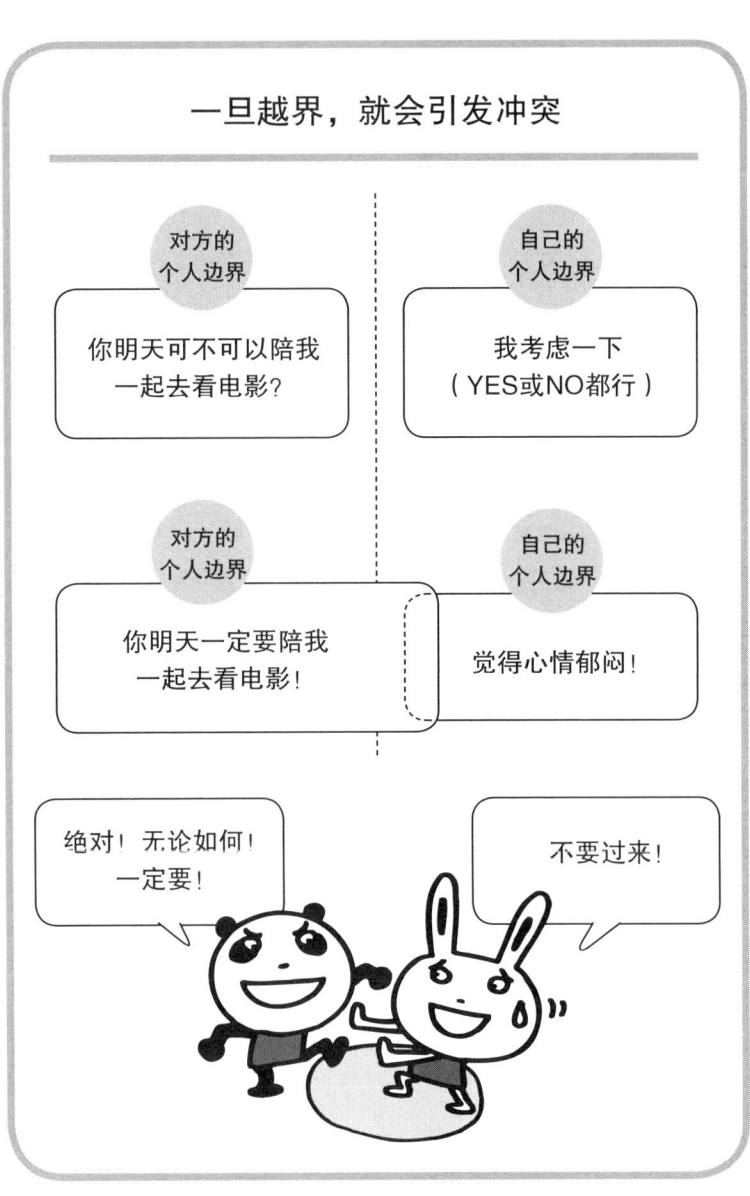

什么情形之下自己会被对方的妄加评断彻底激怒

很多时候，我们明明已经狠下功夫克制自己不去肆意评判对方，对方却往往一开口就来评判我们。这个时候我们该怎样应对才不至于怒火中烧呢？

[例20]"不许跟那个男人结婚！""不许干那种工作！"等，一旦我们不能得到父亲的认同就会气不打一处来。

假如我们将这种情况视为"父亲不够了解我"，这就容易让我们感觉自己"受到了来自父亲的伤害"，因此就会激发我们内心深处的愤怒情绪。此外，我们会觉得父亲闯进自己的个人边界，对他根本就不明就里的事情妄加评断，这样的认知同样会让我们感到伤害。

因此，下面就让我们试着实践一下之前所介绍的方法，将每句话的主语转换为"我"吧。如果不用"那个男人""那种工作"，而是用"以我（父亲）作为主语"来遣词造句，会是怎样一种情形呢？或许就会变成以下这些说辞了：

"我一想到自己的女儿可能会因为婚姻而遭遇不幸，就变得忧心忡忡。"

"我担心女儿你去干那样的工作会受苦受累。"

只需这样改动一下自己的说法,整个氛围便迥然不同。

怎样看透对方的"不安"心理

其实,越是喜欢不容置辩就对他人妄加评断的人,内心的不安就越发强烈。

由于内心感到不安便少了几分冷静,以至于当下这一刻根本就联想不到事情可能还存在其他的转圜余地。

父亲并不是"不够了解我",而是"内心深处已经充斥着强烈的不安感",如果这位女儿能够这样换位思考,就比较容易从自己的受害者思维里跳脱出来。

如果硬要强迫一个内心感到忐忑不安的人"应允""认同"我们,只会增强他的不安感。

这种时候,不妨说一些能够令对方感到安心的话语,比如"真的非常感谢你这么担心我。但是,我想尽自己最大的努力试着去做一做再说。如此一来,我就无怨无悔了"或是"我会一直发愤图强下去,直到你点头应允我为止"等,也许更容易满足双方的角色期待。

如果能够促使对方感到安心,对方就会发生改变

"我非常感谢你这么担心我。"

"我纵然失败了,也不会责怪你。"

"你可以好好想一想,不必立刻就应允我。"

像上述这种类似的话语透露出的信息应该能够充分抚慰对方的心。

最好不要以为这样就可以期待父亲的态度会突然发生改变。因为唯有当改变的契机来临的那一刻,人才会真的发生改变。

我觉得人一旦感到安心,就不会总是惴惴不安,相对而言也就更加容易发生改变。

除此以外,即使自己没有如此温柔地对待对方也不成问题。

单单揣度对方"他大概是感到惴惴不安了吧",就能促使彼此之间剑拔弩张的氛围发生改变。也可以这么想,"无论早晚,横竖都得让他安下心来才行,倒不如现在就先试试看"。暂时放下心中对"一定要得到父亲的理解才行"的执念,继续往前走。

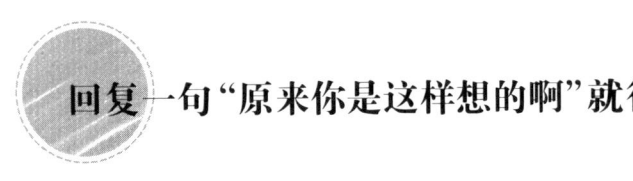
回复一句"原来你是这样想的啊"就行了

[例21] 朋友以一副居高临下的姿态说出诸如"这件衣服很老土哦""没有人喜欢穿你这种鞋吧"之类的话语来评判自己,很生气。

当我们被他人如此直截了当地评判时,"防止以评判回应评判"的认知对我们很有帮助。当对方的评判犹如枪林弹雨一般射过来的时候,倘若我们一味较真儿,自己就会受伤;如果我们坚持以牙还牙的话,那么对方的反击将会更加强烈。

为了避免自己被称作"评判"的枪炮击中,置之不理能够最大程度地确保自己的安全。因此,我们理应尽可能地秉持"不要轻易评判对方"的态度。

当我们遭遇他人评判性话语的攻击时,我给大家的具体建议就是,将对方的话语依样画葫芦一般奉还给他。例如,"哦,原来你认为这件衣服很老土呀?""哦,原来你认为没有人会喜欢穿我这种鞋呀?"等,这样就能够防止自己也去评判对方的言论。即使对方对自己说:"是呀,我就是这么认为",你也只需再回复他一句:"哦,原来你就是这么认为的呀"就OK了。

事先准备好预选答案就不会感到焦躁不安

当我们听到他人对自己说出诸如"你怎么就不多买几套漂亮衣服呢?""你怎么就不知道好好研究一下流行时尚呢?"之类的评判性话语的时候,也可以采取同样的回应方法。回应诸如"是哦,原来你觉得我应该多买几套漂亮衣服呀"或是"我会好好考虑一下你的建议"的话语,也不失稳妥。

像上述这样事先备妥安全性预选答案,就不会一而再,再而三地被对方的评判性话语当场激怒。

当我们将对方的言论视作某种威胁的时候,就会激发我们内心的"攻击性情绪",感到心情郁闷。这种时候,往往只需事先想好"既然对方这样说的话,我就原封不动地奉还给对方就行了"。如此一来,我们感受到的"威胁"程度就会降低很多。

我再解释一下,这里涉及的不仅仅是回应方式的问题。我们讨论的评判,自始至终都属于对方的个人边界。"哦,原来你觉得……(复述对方的原话)"就是最漂亮的回应。除此以外,无须多做什么。正因为我们容易条件反射地将对方对我们的评判性话语解读为"对自己的攻击",才会令我们产生"受到伤害"的感觉,再进一步激发出我们的愤怒情绪。不过,即使一个人觉得对方的穿着打扮十分老土,但身为一个正常人真的会这么直截了当地说出来吗?一般来说不会如此吧。如果一个人连最基本的考量都没有办法做到,就表示对方可能存在一些"难言之隐"。假如能够这样换位思考的话,就会更加容易平息自己的愤怒情绪。

倘若他人即将侵犯到自己的个人边界，我们该怎么办

[例22]"你还是辞职吧！""你们还是分手吧！"等，当自己的人生遭到他人的否定，就会怒发冲冠。

事实上，当我们尽可能地防止自己入侵他人个人边界的同时，也得谨慎保护自己的个人边界不受他人侵犯，这个诀窍有助于我们与他人之间构建出和谐的人际关系。最应该留心的是自己规谏他人的情形。

假如以劝对方辞职来解析，就会比较容易理解。**这种规谏就是全方位入侵了对方的个人边界。**

辞职后就真的万事大吉了吗？辞职申请能够获批吗？这种事情都属于只有当事人才知道的"内部情况"。一个外人这样莽莽撞撞地闯入他人的个人边界，本来就是一种暴力。

规谏他人属于否定对方的现状

通常而言，规谏本来就包含了阴险狠毒的意味在内。

此处所指的规谏具备"由于你现在的境况不佳，还是改成我提议的这样更好"的特征，往往含有否定对方现状的意味在里面。

这个案例的情形就非常明显。此处是建立在诸如"你就职的

这家企业并不理想""你跟那个人交往并不幸福"这样的基础之上，才会出现类似"你还是辞职吧""你们还是分手吧"这样的规谏。

当事人大概也对自己的现状感到不满意。但是，正如我在前文中所提及的那样，只有当事人本人想要发生改变的时候，才能够发生改变。虽然自己也觉得现状不理想，但是，很多时候我们只能被动地维持现状直至水到渠成为止。一个人被他人单刀直入地指出自己也感到不妙的事情，毫无疑问，这属于"在他人的伤口上撒盐"的行径，只会加深当事人的切肤之痛。

如果对方以规谏的形式，毫无顾忌地闯进我们的个人边界来否定我们，这种时候我们完全没有必要曲意逢迎。一旦我们曲意逢迎，就等同自己的个人边界"被他人堂而皇之地侵犯"，我们当然会觉得怒不可遏。

换言之，我们只需注意一件事，无论如何都绝不允许他人明目张胆地侵犯自己的个人边界。

规谏是对方发出来的"内心悲鸣"

那么，我们到底该如何做呢？这其中最行之有效的做法，就是不要将他人对自己的规谏理解为"侵犯我们个人边界"的行为。我们可以跟对方表明心迹："这是我自己的私人问题，还请你不要过问。"这样一来，或许对方也就不会再向你进言规谏了。但是，由于自己的个人边界遭到他人侵犯的事实仍然存在，恐怕我们很难瞬间平息内心的愤怒情绪。这个阶段，不将对方的规谏理解为

"侵犯我们个人边界"的行为，只是简单地将它视作"对方内心深处的悲鸣"，就能够彻底平息我们的愤怒情绪了。

喜欢向他人进言规谏的人理应体会得到，规谏这种东西往往都是"不经意间就说出口了"。无论如何就是没有办法对他人的不理想现状视若无睹，不由得便想进言规谏他人。

因此，我们可以将对方的规谏行为视作对方没有办法忍受不理想现状时的内心悲鸣。无论对方怎么向你表达"我这都是为你好"的想法，这仍然是对方"没有办法忍受不理想现状"的事实，属于对方的私人问题。

只要将对方的规谏行为看作是"这并不是对方'侵犯'了我们的个人边界，而是对方在他自己的个人边界之内发出了阵阵悲鸣而已"，就能够守护我们自己的个人边界。

假如自己面对的是一个内心深处正在发出悲鸣的人，大概就可以说出"非常感谢你这么担心我"之类的话语来抚慰对方了。当然也就没有必要遵从对方的规谏，更没有必要怒火冲天。

只要将规谏行为视作"内心深处的悲鸣"，就能够守护个人边界

对方的个人边界	自己的个人边界
麻烦你稍微穿得时髦一点！	气不打一处来！

对方的个人边界	自己的个人边界
麻烦你稍微穿得时髦一点！	对方的内心深处正在悲鸣

觉得对方似乎也挺可怜的

要选择在对方愿意倾听的时候说

为了让双方沟通的结果能够满足自己对对方的角色期待，我们必须"认真考量对方的现状，以巧妙的方式跟对方沟通"。

这个世界上没有完美无瑕的人，因此，无论是谁总会存在现状良好或堪忧的情形。在对方愿意倾听的时候跟对方沟通，对方自然更愿意跟我们配合。然而，对方到底什么时候才愿意听我们说，对此了如指掌的自然还是当事人。这个时候只需直接询问对方"我有一件事情，想要跟你推心置腹地聊一聊，你什么时候有空呢？"就行了。

倘若对方给出诸如"我太忙了，实在腾不出时间跟你聊"这样的答复，那么就可以通过写邮件或发短信等方式，先将自己想要说给对方听的话传递过去，请对方得空的时候再给自己回信，也不失为一个好办法。既然是邮件或短信，没有充分的时间或充沛的精神气力就不会阅读，因此就结果而言，确实能够抓住恰当的时机。

像上述案例这样优先考量对方是否方便的情形，不会侵犯到对方的个人边界。从最终的结果来看，也就更加容易激发对方的"配合型姿态"。

如此一来，自己也就不会感到"他压根儿就没有听我说！"等负面感受，从而积压满腹怨气了。

"自己拥有应付各种突发事件的能力"是不再愤怒的诀窍

我在前面介绍了很多"恰当处理愤怒情绪"的方法。

一旦心里明白无论发生什么事情自己都能够随时随地"恰当地处理",慢慢地就不会动不动就产生愤怒情绪了。

因为"恰当地处理"能够消除导致我们产生愤怒情绪的"愤怒源",远远比将愤怒情绪一直积压在心里让人感到更加豁达。换句话说,通过"恰当地处理"愤怒源的过程,自己与对方之间的关系大都也会变得更加亲密而有间。

很多时候,我们还会发现对方一些当自己内心抱有愤怒情绪时视若无睹的品质,从而变得更加容易接纳对方。不管怎么说,自己的愤怒情绪毕竟已经随之减弱了不少。

从充分认识"愤怒情绪"的本来意义,以及利用愤怒情绪来帮助我们改善自我现状这方面来看,我在前面已经做了很多充分的解析。然而,难得碰上这样的机会,因此,下一章起我要谈一谈"怎样成为一个不轻易产生愤怒情绪的人"。

Step4 重点归纳

互不侵犯个人边界的"沟通方式"是什么?

1

不要肆意"评判"他人。

2

麻烦对方帮忙的时候最好用"拜托"而不是"要求"的口吻。

3

试着将对方令人不快的规谏行为理解为对方"内心深处的悲鸣"。

4

将他人对自己的评判理解为"这些纯粹只是对方对我的个人看法而已",并不一定"代表我本身的价值"。

5

要学会与他人"虚与委蛇",凡事不要较真儿。

Step 5

不要为一些芝麻绿豆的事情心烦气躁

当我们终止"评判他人","愤怒情绪"就能够平息

不要再以"受害者"自居

通过前面章节的内容，我们明白了愤怒情绪是一种映射人类对"过分"这种感受所产生的负面性应激情绪。换而言之，愤怒这种情绪可以促使他人明白自己正"受到某种形式的伤害"。

"原定计划被打乱"也是一种伤害。这种映射了"心理创伤"的愤怒情绪，很显然已经与受害者思维不可分割了。

换言之，如果自己不是那个受害者，便会感觉不到愤怒情绪。

因此，在思索该怎样处理已经产生的愤怒情绪之前，倘若能够试着思考一下自己是不是真的受到了伤害，就没有必要突然动怒的了。

当我们一旦养成了这样的思维习惯之后，就能大大地削弱自始至终都以"受害者"自居的情形，慢慢地也就不会轻易大发雷霆了。这远远要比强迫自己压制愤怒情绪容易多了。

家暴男喜欢挂在嘴上的一句标准托词："都怪你惹毛了我！"**但是事实上，我们没有能力惹毛他人。**

我们最多也就是在替他人制造大发雷霆的机会。

愤怒情绪是在自己的个人边界之内产生的一种情绪。因此，愤怒的重心词是"自我"。

"对自他现状的认知"能够促使愤怒情绪发生变化

既然人属于生物,自然就很难完完全全地彻底平息应激状态下的愤怒情绪。人只要还拥有生物自我防卫的本能,就会对自己不能接纳的东西心生"威胁感"。

我们虽然不能彻底平息这种应激情绪,但是起码能够选择"是否还要继续愤怒下去""是否要在对方身上宣泄自己的愤怒情绪"。

这里说的选择并不是指从"是否对自己感觉受到伤害而大发雷霆"的层面来选择,而是指"怎样应对这种状态"并做出相应的选择。

举个例子来说,假如将前述这种状况理解为"对方对自己的攻击",那么,我们除了愤怒以外别无选择。但是,事实上我们可以将那视作"对方内心深处的悲鸣",或"那只是映射出了对方的情况而已"等多种换位思考后的理解方式。

纵然我们感受到了应激状态下的愤怒情绪,但是,自己仍然拥有该怎样理解所处情境的选择余地。

大家或许会觉得"话虽如此,但是我真的不由自主"。事实上我们可以通过控制自我意识的方法来慢慢训练自己控制应激情绪。我们一旦察觉到不再将对方的言谈举止视作"对方对自己的攻击"时,就会感到更加舒心且更具安全感,慢慢地就会适应这种新的思维习惯。

只要我们不再将对方的言谈举止理解为"对方对自己的攻

击",自己就不会深陷受害者思维,也不会遭到愤怒情绪的控制。接下来,让我们一起来解读一下下述案例吧。

[例23] 两个人约会时,对方却一直在给别人打电话,自己突然觉得火冒三丈。

这种情形会让人觉得"自己被对方藐视了",会不禁感到愤怒。但是,事实真相确实是这样吗?

实际上我们并不清楚对方为什么一直在给别人打电话。

再者,我们更不清楚对方是不是在比较过自己和这位通话对象的综合价值后,才撂下自己不管,一直跟对方通话。

也许这是对方很久未曾联络的朋友打来的电话,或是对方根本就不擅长挂断别人的电话,只能白白错失告知该通话对象"我正在跟人会面"的时机而一直在跟对方通话。抑或对方可能是个自由主义者,天真地以为"我在跟别人通电话的期间,对方也会做着自己感兴趣的事情吧"。

可以确定的事情只有"对方一直在跟别人打着电话",事实上我们并不能断定这种行为到底是不是对方在"藐视自己"。

然而,一旦我们贸然断定"自己受到对方的藐视",就会变为"自己故意伤害自己"的情景。

实际上,对我们施加伤害的往往就是我们自己

举个例子来说,假如其他人遭受同样的困境,我们会坚定不移地认定"你分明就是被对方藐视了",我们大概不会这样说吧?我们也许会假想"对方也许存在什么难言之隐吧,不过确实对自己没有礼貌",难道不是吗?

当我们一旦认定"自己遭受了对方的藐视",就会产生"愤怒"这种应激情绪,就会将自己的注意力集中在"对方"身上,认定"自己之所以感到愤怒都是对方害的!""都是对方的错!"然而,我们仔细想一想,将自己所处的状况解析为"自己遭受了对方的藐视",实际上就是在故意伤害"自己"。

与之相反,当自己遇到上述这种情形时,心里抱定"也许对方存在什么难言之隐吧",这看似是在为对方开脱,实际上可以说是自己主动选择了"不伤害自己"。

如此换位思考之后就会懂得,我们并不是因为既定事件(对方一直在跟他人通电话)而受伤,而是由于自己的捕风捉影(自己单方面觉得自己遭受了对方的藐视)才伤害了自己。即使对方一直在跟他人通电话,倘若不肆意掺杂"自己觉得自己遭受了对方的藐视"这样的假想情景的话,也就不会因此真的受到伤害。换而言之,自己会不会受伤,最终取决权还在于自己。

此外,也不是说就没有对方故意轻慢我们才一直在跟他人通电话的情况。这种情形就是"自己遭受了对方的藐视"的事实,不是那种只凭单方面的愿望就盖棺论定的情景。但是,在我看来两者还是有区别的。无论对方是怎样的想法，单凭跟他人长时间煲电话粥的行为来故意轻慢他人，再怎么说这种行为都不太正常。假如也将这种情形视作对方的"难言之隐"，就会清楚对方的此种行为显现出来的只是对方的不正常而已，同样不是自己确实受到了伤害。

倘若此处的解析不太容易懂，请大家再试着联想其他人遭受同样对待时的情境。你的反应大概会是"啊！正常人一般出现这样的行为举止吗？"而不会对当事人说"这个人肯定非常厌烦你"之类的话。

不会对他人说的话，也不要对自己说。

不要对自己臆想出来的情景坚信不疑

一旦认识到是自己臆想出来的情景伤害了自己，而不是真实的现实伤害了自己之后，让我们认真思考一下应该怎样做才能"不沉浸于这些自己妄想出来的情景"吧。

实际上，我们只需像Step3所描述的那样"调整角色期待"，就能不沉浸于自己妄想出来的情景。

经过调整角色期待，我们会慢慢领悟到"对方为什么会有那样的言谈举止"。

就拿对方一直跟他人打电话的那个案例来说吧，将自己的真实感受告知对方，听他连忙赔罪说"对不起，非常抱歉！我刚才是在跟一位胡搅蛮缠的客户打电话"之类的，想来马上就能够从受害者角色全身而退。

像上述这样客观地明确辨认对方的状况，认识到"自己一开始臆想出来的情景大都是错的"，有过这种的体验之后，我们就会慢慢地改变对此类情景的自我感受。

养成不沉浸于臆想情景的习惯

在逐渐转念的同时，平时也要不忘练习"放下自己臆想的情景"。

"不沉浸于自己臆想中的情景"，并不意味着我们必须彻底推翻对方一直在跟他人通电话时"我觉得自己遭受了对方的藐视"这样的心理活动，也不意味着我们必须强迫自己正向思考。

即使脑中显现"我觉得自己遭受了对方的藐视"这样的意念，也不必过于担忧。

只要自己能够保持"不要认假为真"，就不成问题。

因为我们没有任何证据足以证明自己这样的想法是事实，所以不要在证据确凿之前妄下断言。

可以试着培养这种习惯：每当自己觉得"受到伤害"，就认真考量一下"我有充分的证据可以证明自己的想法是事实吗？"

即便自己在情感上习惯性地倾向于"几乎可以如此认定"这样的反应，也要试着认真考量一下"真是如此吗？""会不会只是自己想多了？"。

怎样成为"不愤怒的人"

这样思索一番之后就会发觉，其实我们对于身外发生的事情几乎都没有绝对的把握。

为什么呢？因为我们没有办法知晓他人所有的状况。

举个例子来说，"对方一直在跟他人打电话"这件事情是发生在对方个人边界之内的事情。

我们不可能断定在他人个人边界之内究竟发生了什么事情。"对方可能存在什么我不清楚的难言之隐"，我们不能彻底排除这样的可能性。

　　纵然对方当面对自己说"不存在任何难言之隐",我们也不能彻底排除其他的可能性。因为在这个世界上大概没有人会知晓他人的全部,而自己浑身上下都是毛病却浑然不觉的人也大有人在。

　　因此,一旦我们发觉"在这个世界上几乎没有一件事情是我们可以完完全全确定的",就会认识到自己妄下断言进而大发雷霆的事情确实毫无意义。

　　慢慢地,我们就学会了将愤怒情绪撂在一边置之不理,变成一个不会大发雷霆的人。

　　当我们虑及"等证据确凿的时候再愤怒也不迟"时,那个令我们大发雷霆的契机就会消失不见。

妄加"评判"伤人不利己

谈及此处，实际上就是想要告知大家"改掉妄加评判的习惯"。

自己施加的"臆想情景"，正是对现实做出的"评判"。

我在前文谈到过评判本身就是一种暴力。事实上评判的行为不仅施暴于评判对象，对妄加评判的当事人本身来说也存在危害。这其中的危害固然是因为"当自己对他人妄加评断时候，自己内心就会感到烦躁不安"，但更为重要的是，"批评他人的态度"不单指向他人，也指向了我们自己。

总是喜欢对他人妄加评断的人，同样也会十分介意他人对自己的评判。

换言之，喜欢对他人妄加评断的真正原因正是因为自己缺乏自信。

因此，才会因为一点芝麻绿豆的小事就大发雷霆："你不要狗眼看人低！"如果总是以这种刺猬一般的态度过日子，本身就百害而无一利。

改掉喜欢妄加评判的恶习吧！

会令我们产生愤怒情绪的"臆想情景"就是我们对现实做出的"评判"。可以说"哪里产生了愤怒，哪里就存在妄加评判"。假如想要平息愤怒情绪，就必须下功夫改掉"喜欢肆意评判他人的陋习"。接下来,让我们一起来解析一下下述案例吧!

[例24] 排队使用自动提款机时,前面的人磨磨蹭蹭,自己因此感到十分厌烦。

纵然是这样的微末小事仍然适用"哪里产生了愤怒情绪,哪里就存在妄加评判"的原则。"真是倒霉""我的运气怎么这么差""连自动提款机都用不利索,真没用"等,正因为我们对他人如此妄加评判,才会感到腻烦。

实际情况,不过就是比预想的稍微晚了几分钟使用自动提款机而已。耽误的几分钟所造成的真正损害其实并不是很大。改掉总是不由自主地妄加评判的毛病,客观地看待现实会让自己的心理负担减少很多。

如果因为他人的磨磨蹭蹭需要自己等待良久,就更加没有必要对他人妄加评判或随便臆想,白白增加自己心里的负担。客观地接受现实,"下次再排队使用自动提款机的时候,就要给自己多预留一点时间出来"等从容应对的态度,就可以大大地减少损害。

对他人妄加"评判"对自己也百害而无一利

别再执着于"是非对错"

或许,很多时候我们在理智上能够理解"不加评判""客观接受现实"的道理。但是,在情感上就是觉得"不可能做得到"。

尤其是那些自以为"错误"的事情,若被强行要求必须"客观地接受这个现实",我们一定会产生抵抗心理吧。

想要能够平息内心的愤怒情绪,我们就有必要认真考量有关"是""非""对""错"这样的"评判"。

会令人产生愤怒情绪的"是非对错的较量"

我们每一个人都抱着自以为是的"正义"。不过,那顶多只是"自己先入为主的正义",这种"正义"往往映射了每一个人各自的立场。实际上,这个世界上并不存在唯一绝对的正义,经常会出现"以某种立场来看看似正确,再以不同的立场来看则是错误"的情形。

假如一味伸张这种"自以为是的正义",必然会触犯其他人的正义。既然每一个人的情形都不一样,立场各不相同的人之间会发生冲突也就理所当然。你说"我是正确的",对方也会说"我才是正确的"。这就好比在拔河一样,对方会以"我是正确的"意念之力拼命往相反的方向拉扯绳索。除非有一方先放手,否则就会无尽无休地僵持不下,根本就没有办法彻底摆脱愤怒情绪。

没有人能够在"是非对错的较量"中获利

自以为只要坚持"我是正确的",就臆想着自己能够驳倒对方"我也是正确的"的观点。

我们似乎喜欢以为"只要自己的话说得足够强硬就能够战胜对方",但是事实并非如此。

因为无论我们说出来的是什么,一旦我们显露出强硬语气,就会被对方解析为"攻击",从而开启自我防卫模式。当然,粗暴的强硬话语也许会迫使对方暂时改变自己的行为,但是,对方觉得自己当下受到我们的胁迫,会将"我才是正确的"的想法转化为怨愤积压在内心深处,将来的某一天一定会以另一种形式爆发出更多因此而衍生的问题。

我认为大家最好切记一件事情——没有人能够在"是非对错的较量"中获利。

从"谁是谁非"的思维中跳脱出来

为了平息愤怒情绪,就不得不在"是非对错的较量"中放手。

我之所以这么说并不是要大家俯首承认"你是正确的,我是错误的",而是想让大家从"谁是谁非"这种"妄加评判"中彻底跳脱出来重新审视这个世界。

当然,我们不必歪曲自己的所思所想,大可以继续珍视自己宝贵的价值观。只要秉持"认可'对方自有这么做的理由',不去妄加评断究竟哪一边的正义才是正义"的态度就可以了。

也许，我们一想到"必须放下自己的正义"就会感到为难。但是如果能够在心里"努力去体味对方做出此类行为的理由"，我们就能够水到渠成。

当我们不能充分认识对方做出此类行为的理由时，就会很容易强烈地评断对方"人格上有缺陷"。

妄加评判就是指我们往往试图以自己的方式，给自己的眼见之实赋予一个特定的意义，对于与自己的"正义"迥然相异的眼见之实，我们就会施以强烈的评判。假如我们能够充分认识到对方做出此类行为的理由，渐渐地就能够得出"哎呀，毕竟是在那种环境下长大的人，这就难怪的了"之类的想法，并且能够客观接纳对方的本来面貌。

分别考量个人"心理状态"与"行为"

当然,"客观接纳"的意思,并不是指不管对方对自己做出如何过分的事情我们都必须给予包容,而是指我们得先平息自己的"愤怒情绪",再客观地进行必要的处置。

因此,我们必须将"行为"和"心理状态"一分为二区别对待。

举个例子来说,对方使我们蒙受一些损失的情形。

这种情形之下的"平息愤怒情绪",并不是指我们必须将对方给我们造成的实质性损害视作"没有发生"。若有必要,我们可以暂时平息内心的愤怒情绪,然后通过向对方提起诉讼程序等合法的手段进行必要的处置。

平息愤怒情绪的意思是指我们必须改变自己的"心理状态"。提起诉讼程序等务实性"行为",与自我"心理状态"是不同层面的事情。

实际上,我们可以自行抉择到底以什么样的"心理状态"展开同样的实质性"行为"。

况且,向对方提起诉讼程序本来就已经足够折磨我们的了,如果还要因此产生愤怒情绪而无端耗费自己的精力,只会让自己感到筋疲力尽罢了。

除此以外,我们一旦因为愤怒情绪而促使自己陷入失控的状态,大概也不可能卓有成效地展开诉讼程序的吧。

将"行为"和"心理状态"一分为二的思考方式可以应用于各种各样的领域中。

[例25] 自己正忙得不可开交的时候突然接到推销保险的人打来的电话，感到十分烦躁，气不打一处来。

这种情形同样会因为个人对于自我状况的认知方式，让人很容易就觉得自己受到伤害，而将对方评断为"粗心大意，没有眼力见儿"。

然而，只需稍稍顾及"对方的情形"就能够转换念头，开始认识到对方实际上并不是存心想要打扰我们，只是一边发出"若是再签不到订单自己就要喝西北风了"的悲鸣，一边努力工作而已。

平息愤怒情绪之后再说"NO！"

假如能够这样看待对方，多半就能够平息内心的焦躁不安。但是，倘若问及我们"是不是也必须在行为上配合对方"，则另当别论了。

"沉着冷静"的"心理状态"，与"拒绝他人"这样的"行为"并不冲突。

"我知道你也很不容易，但是，我现在正忙得晕头转向，实在抱歉啊。"

沉着冷静地说出自己的拒绝意向之后就可以挂掉对方的电话

了,万一对方又打过来就不要再接了。

虽然同样是在拒绝之后再挂掉对方的电话,但是心里一旦焦躁起来,之后再投入工作时的注意力可能就会大打折扣。

自己本来就已经忙得脚不沾地了,如果这种时候自己的注意力还因此分散的话就得不偿失了。

平息自己的愤怒情绪与焦虑心情。如果能够转念一想"自己就别跟这种人斤斤计较了,毕竟大家都挺不容易的",就无须继续承受那件事情的不良影响。

由此可见,重点在于保持有利于自己的"心理状态",而不是"拒绝"对方的"行为"本身。

"心理状态"和"行为"本来就是两件风马牛不相及的事情?!

对于没有礼貌的人……

你这个人啊。

心理状态

⬇

平息愤怒情绪

或许不管他对自己说什么自己都不会愤怒(偏离角色期待)
或许对方只是单纯在说话方面过分刻薄而已(对方的情形)

行为

⬇

改变现状

提醒对方"我希望你不要再对我说这种刻薄的话"
尽量避免与对方见面

将自己的注意力专注于当下这一刻就不会怒气冲冲

[例26] 一旦听到他人给自己打电话发泄愤懑情绪，就会升起满腔怒火。

别人打电话向自己发牢骚的时候，一旦觉得"这个人到底要抱怨到什么时候才会罢手啊？""又在抱怨同样的事情"等，就会怒火中烧。当然，如果我们能不接听对方的抱怨电话就尽可能地不要接听。但是，大多数时候都属于被动倾听的情景。

遇到这种情形，有一个不错的方法可以让人快速平息愤怒情绪，那就是将自己的注意力专注于当下这一刻。

愤怒情绪受到"过去记忆"的影响

我们在倾听他人说话的时候，大都习惯基于"脑袋里所储存的过去的数据"去听。我们自以为的"对方正在发泄满腹的愤懑情绪""又在抱怨同样的事情"，往往都是我们根据自己脑袋里所储存的过去的数据所做的评判。

我们在听他人说话的时候，往往才听了几秒钟脑中就会自动浮现"这个人的抱怨到底要持续到什么时候才会停止啊？"等念头。倘若一旦意识到自己已经冒出这样的念头就先不要理会，还是重新集中注意力仔细倾听对方说吧。

脑中会浮现那样的念头就表明我们已经开始习惯性地参照"自己脑袋里所储存的过去的数据"。无须理会这一类的念头，重新集中精神"仔细倾听对方正在说什么"。这时就能够觉察出自己其实完全可以用与以往不一样的感觉倾听对方说话。那是一种不可名状的温暖的感觉。当我们专注于当下这一刻的时候，就不会轻易地对对方妄加评断，也不会向对方提出规谏。先将脑袋里冒出来的念头搁置一边，就意味着"同时也放下想要解决对方问题的执着心理"。不再执着于解决对方的问题，仅仅重新集中注意力倾听对方说话，就能平息我们原本的愤怒情绪。

出人意料的结果往往是，对方竟然缩短了向我们抱怨的时间！

评判和规谏属于侵犯对方个人边界的情形，对方肯定会进行自我防卫。于是对方就需要进一步地解释自己的抱怨，以便将自己的言行适当地合理化，如此一来，反而使得彼此之间的谈话时间更长了。假如自己遇到他人在电话中向自己发泄愤懑情绪的情形，我们或许就会规谏对方"不要那么想就行了""你也不要过于介意"等，这样一来，同样也会导致对方的抱怨时间变长。

而集中注意力仔细倾听的方式不仅能够缩短被动聆听对方抱怨的时间，还能够让自己秉持一颗温暖的心去倾听，大家不妨尝试一下。

Step5 重点归纳

为什么我们会因为一点芝麻绿豆的小事而怒火中烧呢?

1

必须认识到自己臆造的"假想情节"已经扭曲了客观事实。

2

先试着考虑:或许对方存在我不清楚的难言之隐。

3

客观地接受眼见之实,养成不妄加评判的习惯。

4

别再执着于是非对错。

5

不要想太多,将注意力集中于"对方当下这一刻的话语"上吧。

Step 6

从容不迫过日子的方法

能够令人"不愤怒"的小习惯

究竟什么才是"不愤怒的生活方式"

读到此处，我们终于能够一起来积极地思索"不愤怒"这件事情了。

我之所以说"终于"是因为，当我们还没有认真研究过愤怒这种应激情绪之前，就做出"不愤怒"这种决定，很容易就变为"佯装不愤怒"的表面形式了。

也可能深陷"对'愤怒的自己'产生负面评判，从而更加愤怒"这种毫无意义的恶性循环模式之中而不能自拔。

我在前面几章中曾经谈及，感到愤怒本身并不是什么让人羞耻的事，只需"恰当地对其进行处置"就可以了。当我们因"恰当地处理愤怒情绪"而产生了自信，就会更加容易平息我们的愤怒情绪。当我们连续不断地告诫自己不要肆意评判他人，慢慢地也就不会再随便大发雷霆了。

接下来，本章我想带领大家一起积极地思索什么才是"不愤怒的生活方式"。

整理日常生活所带来的别有会心

愤怒情绪源于人们的"受害者思维"。然而，人们并非只有在特定情境之下才会自认为是受害者。当人们每天都处于某种自以为整个人生都是"心有余而力不足"的"受害者思维模式"之下，就会更加容易产生愤怒情绪。

因此，尽量减少自己沉浸于"受害者思维模式"的思索时间，将成为实现"不愤怒的生活方式"的关键一步。

为了觉察自己正深陷"受害者思维模式"，我的见解是尽可能地"让自己的生活空间变得井井有条"。比方说，经常整理自己的桌面，或是纵使无人查看也要将脱下来的鞋子摆得整整齐齐，每天花一点时间来整理自己的内务。

十秒钟内就能够将脱下来的鞋子摆整齐。

连摆齐鞋子这十秒钟的时间都挤不出的情形应该不会太多。

然而，我们总是习惯性地以为"哪里还有闲暇时间将鞋子摆放整齐！""这会儿我可顾不上摆齐鞋子这样的事情！"

实际上，我们之所以会产生这样的应激反应恰恰是因为这种应激情绪告诉我们，自己已经深陷于"受害者思维模式"之中而无法自拔了。

认为自己总是"忙得不可开交"

我们经常把"我太忙了，忙得应接不暇"挂在嘴上。不过，那并不单指物理性的工作量。

那是由于我们在满负荷的工作量之外，又加入自己臆造出来的"忙得日不暇给"的假想情节，才会让我们感到自己的处境真是"瞎子背瞎子——忙上加忙"。

上述情景分为很多种类型，如"稍稍有点松懈就会'蛇吃扁担——直了眼'""必须每时每刻绷紧神经否则就会措手不及"等,与其说是这样的认知禁锢了自己,倒不如说正是因为自己臆造了"繁忙"的假象。

几近罹患抑郁症的大脑就处于这样的状态之中。远超实际工作量的"势在必行"的意念源源不断地浮现在脑海中,犹如"小驴儿拉碾子——转来转去绕了个圈",迫使大脑难得休息片刻。

从"受害者思维模式"转变为"主体性思维模式"

大家发现了吗?.这一类假想情节全部都是由"受害者思维模式"臆造出来的情节。如果认为"受害者"一词有些抽象,将之视为"没有办法自主掌控自己的人生""身不由己"这样的感觉,大概就更加容易领会了。

因此,当我们觉得忙到没有闲暇时间特地将脱下来的鞋子摆放整齐而烦躁不安的时候,就是应激反应在提醒我们自己已然深陷"受害者思维模式"的最佳契机。

当然也存在确实因为满腔热情地投入某件事,而无暇顾及将脱下来的鞋子摆放整齐的情形,但是,这种情绪之下的反应肯定不是烦躁不安,反而理应是"好的,我等一下再放好""等我先把这件事情告一段落"这种心安的感觉。

假如发觉自己烦躁不安,就做一次深呼吸,然后再顺手将脱下来的鞋子摆放整齐吧。这样做能够促使我们的心情从"受害者模式"转换为"主体性思维模式"。

针对"原定计划被打乱"的焦躁情绪也行之有效

视结果归因而言,像上述这样让生活空间变得井井有条,也可以减少产生烦躁情绪的情形。

举个例子来说,随时随地都能够注意将脱下来的鞋子摆放整齐,这让自己的生活空间看起来很舒适,下次想要再穿时也能迅速换上鞋子,不会让自己感到烦躁不安。除此以外,让自己日常的生活空间变得井然有序还有一大好处,那就是"东西不会无缘无故消失"。

东西无缘无故消失的情况是一种最大限度的"原定计划遭遇干扰破坏"。倘若自己的情况特别紧急,甚至还可能因此暴跳如雷。如果能够时刻注意及时规整好周围的物品,想来就可以事先预防需要某物时怎么翻箱倒柜也找不到的情形发生。

话虽如此,但我认为也有人是由于自己的生活空间确实过于杂乱无章,需要自己花费大量时间去整理才会一直对这种现状置若罔闻吧。

这样的朋友,这个时候请你将自己的目标置于"主动参与人生"的层面上来,而不是"让自己在井井有条的环境中好好地生活"。

培养自己掌控人生的感觉

就拿日常物品使用完毕后马上将物品放回原来的位置这个小习惯来说,倘若自己一旦认定"反正都已经这么杂乱无章的了,事到如今再物归原位也毫无意义",那么这时的自己就成了脏乱差环境的受害者。

如果不这么想，反而能够"将使用过的物品主动放回原位"，促使自己从"迫于无奈""自己实在身不由己"这样的"受害者思维模式"中跳脱出来。如果能够以自我意念注入自己对"物品"的感激之情，就会更加行之有效。因为感激之情与受害者思维属于完全相反的两个极端。

如果我们收拾整个房间的话，貌似需要花费我们很多时间。但是，如果能够每个星期一点一点地划片区进行收拾，或是想要收拾的时候就收拾一点，也可以给自己特地安排一些"大扫除活动日"之类的活动，就能够主动地习惯性整理自己的房间。这种整洁环境下的生活质量与那种见到脏乱差环境就会感到烦躁不安，只能仰屋兴叹的生活迥然不同。

让自己切实感受到"我能够做到"的强大能量

实际上，前述"将脱下来的鞋子随手摆放整齐"的情形，也属于同样的思路。

我们中的大多数人几乎都过着不怎么优裕的生活，想要立马改变自己当下的现状，就好像想要"一口吃成个大胖子——谈何容易"。纵然我们会在心里犯嘀咕："如果可能的话，我也想要尽可能地减少自己的工作量，想要在自然环境优美宜居的地方按照自己的节奏过着富裕的生活"，但是，现实往往不容我们这么轻而易举就如愿以偿。如果虑及"整体生活水平的优裕程度"，或许还会唉声叹气地深感绝望吧。

在这种情形之下，虽然将刚从脚上脱下来的鞋子顺手摆放整齐这个举动简直就是一件不足挂齿的小事，但是这件小事的确会促使我们从"受害者思维模式"中跳脱出来。

这件小事让我们从"我已经忙得分身乏术，根本就不可能还去整理家务"转变为"虽然我已经忙得脚不沾地，但是将刚脱下来的鞋子顺手摆放整齐这点小事还是能够做到的"，这种心理感受上的转变具有很强烈的意念力。

视愤怒为"让自己有所成长的学习机会"

"宏观性视角"能够帮助我们从"受害者思维模式"中跳脱出来的思考方式之一。

如果我们总是任凭不同状况任意操纵自己而活着,不但会感到筋疲力尽,而且还会让我们一不留神就深陷受害者思维中而无法自拔。

然而,纵然我们面对同样的现实,倘若我们能够转念将它视为"这件事情是能够让自己有所成长的学习机会",如此一来就会让自己获得一种自己主动参与人生的感受。

哪怕自己并不清楚自己能够在这件事情里面学到什么东西也无关紧要。只要我们认识到"那肯定是一个能够令自己有所成长的学习机会"就行了,这样一转念,我们就能够从"受害者思维模式"中瞬间跳脱出来。事后再认真回顾一下自己当时的起心动念,就能慢慢领会其中的深意。哪怕我们只是这样转个念头也会让自己轻松很多。

纵然我们明明就是一个"受害者"……

举个例子来说,当自己正忙得应不暇接时,单位领导不容分说就给自己紧急摊派下很多工作的恼怒状况。

从该案例的形式上而言,这种情形之下的我们就是一名不折不扣的"受害者"。

无论是谁，当然都没有任何义务毫无意义地被自己的单位领导召之即来，唤之即去。假如我们想要拒绝对方，可以按照本书Step4所总结的方法，直接向对方表明态度，说出自己的理由一口回绝那位领导就可以了。

换言之，也就是用"以我为主语"的话术与领导进行沟通，而不是用"以你为主语"的话语进行无效反抗。

给自己摊派工作的领导自己大都也处于超负荷工作的状态，假如这个时候再向对方传递"以你为主语"的话语，我们很有可能就会遭到对方狠狠地反击。

话虽这么说，但是，现实生活中确实没有办法拒绝领导的情形想来也很多。

这种情形之下，只要我们继续保持"领导又给自己紧急摊派工作任务了"这样的认知，受害者思维就会一而再，再而三地让我们产生愤怒情绪。

而且，当这项工作开展得不太顺利时，我们或许又会嘟嘟囔囔地说出"领导本来就不应该将这项工作临时摊派给我"之类的抱怨。

即使领导再怎么不近人情地给自己临时摊派了这项工作，假如这项工作自己不得不接手的话，那么让自己从"受害者思维模式"中跳脱出来，重新审视这件事情，还是会让我们减少很多不必要的心理负担。

让自己时刻保持宏观性视角

前述这种情形之下，为了让自己从"受害者思维模式"中跳脱出来，我们可以让自己尝试着用宏观性视角来审视这件事情——"我想要以怎样的态度来面对这项工作"，而不是将自己的注意力集中于"领导给我强行摊派了这项工作"这点上。

纵使是同样一份工作，如果能够积极主动并全神贯注地投入其中，而不是勉为其难地去做的话，那么肯定会大幅度提升工作效率和质量。

如果总是停留在"领导总是不近情理地将紧急工作临时分派给自己"这件事情上，自己就会一直深陷受害者的身份而无法自拔。但是，若能转念一想"即使是领导临时摊派下来的工作，无论如何需要埋头苦干的仍然是自己"，就能够从"受害者思维模式"中全身而退。

或许，有些人会认为，上面这种方法只会造成自己对"领导不视具体情况就突然将工作紧急摊派到自己头上来"这种情形的故意纵容。然而，如果一直抱着这种想法而让自己处于持续愤怒的状态之中，说到底，损失的还是自己的时间，而不是领导的时间。

从"受害者思维模式"跳脱出来!

和"忍气吞声"说再见

我在前文曾经谈及,愤怒情绪同时能够映射出自己所能承受的"容忍极限"。"隐忍"是一种最极端的受害者思维。因此为了挣脱"受害者思维"的禁锢,现在我准备杀一个回马枪,重新来谈一谈"隐忍"这种情绪。

在我们的日常社交生活中,的确存在自己被迫做出各种各样"隐忍"姿态的情形。而且,我想短期内还没有办法放下这种"隐忍"姿态的人应该也不在少数。

对于一般人而言,即使在电车内化妆可以使自己在早上出门前多睡一会儿,自己还是会对在电车内化妆这件事情感到抗拒。纵使有人规谏你说:"不要再继续隐忍了,可以在电车内化妆的",我们也不会改变初衷。归根结底,事情远远没有我们所想象的如此简单。

当然也有人一旦下定决心不再继续隐忍,就能够从心所欲地去做自己想做的事情,这还真是非常果敢的行为。

然而,我们中绝大多数的人大概都做不到如此果断,也没有必要去冒这个风险。

从"不得已而为之"转变为"心甘情愿地去做"

这个时候还有一种选择——"行为不改,但是不再隐忍"。这就是我在本书 Step 5 所谈论的"将行为和心理状态区分开来"的思考方式。

这又该从何解释呢?换言之,也就是"不在电车内化妆"这种行为是"我自己心甘情愿地选择这么做的",而不是"在他人的逼迫之下才这么做的"。

让自己不再扮演受害者角色,找回自我主体性。

让自己具备"我是自行判断之后才下定决心这么做"这样的自我觉察力。

我崇尚礼貌待人的理念。

我想过上从容自如的优渥生活。

我希望自己在他人面前是体面的。

学会保持"我是因为自己心里产生了这样的想法,才主动选择了现在的生活方式"的自我觉察力。

这样一来我们就会因此获得充满力量的感觉,那种"事实上,我也觉得在电车上化妆的话,早上出门前就能够多睡一会儿,但是,我只能一味隐忍"的受害者思维,完全不能与之相提并论。

Step6 重点归纳

如何做才能"不愤怒"地过好自己的生活呢?

1

让自己的日常生活有条不紊,培养"自己主动参与日常生活"的自我掌控感。

2

纵然生活中遇到了各种各样的障碍,也可以将每一种障碍视为"让自己有所成长的学习机会"。

3

保持宏观性视角吧!

4

不再"忍气吞声"。

5

不要老想着"我是不得已而为之",要学会转念为"我是因为自己的判断,才主动选择了这么做的"。

Step 7

当自己成了他人发泄愤怒情绪的靶标时,就这么做

怎样应对"愤怒中的人"

愤怒的人实际上都是"遇到困难的人"

在本书的最后一章,让我们来一起认真想一想应该怎样应对"源自他人的愤怒情绪"吧。首先,这里有个大前提,我希望大家能够将"行为"和"心理状态"一分为二,区别对待。

面对其他人的愤怒情绪,我们应该采取怎样的"行为"应对才是明智之举呢?以及我们应该秉持怎样的"心理状态"去应对他人的愤怒情绪呢?这两个问题完全属于不同层面的问题。

他人的愤怒情绪只是"悲鸣",不是对自己的"攻击"

我们会认为他人大发雷霆的样子非常"恐怖",那是身为生物体很自然的一种应激反应。面对他人的愤怒情绪,倘若自己不能与愤怒者保持适当的距离,自己很有可能就会被卷入他人的暴力行为等危险之中。因此,面对他人的暴怒,理应率先顾及自己的人身安全。

然而,我们的"心理状态"是怎样看待对方产生愤怒情绪的原因的,则另当别论的了。

假如刚好碰上他人正处于愤怒状态之中的话,我们就试着将其解读为"他遇上难题了"。

尤其是当对方的愤怒情绪非常强烈的时候,我们可以将其视为"对方正是因为不知道该怎么办才好,才发出'愤怒'这种悲鸣

向外界求助"。对方对我们大发雷霆的时候,假如我们觉得那是"自己遭受对方的攻击",就会感到受伤,或是感到愤怒从而加以反击。

然而,不管是上述哪一种情形,都会让我们感到沉重的心理压力,甚至还可能因为自己的反击促使对方发出更猛烈的回击。我们一起来解析一下下述案例。

[例27] 因为犯下一点小错误就被领导当众指责:"你根本就不配成为社会成员中的一分子。"自己因此感到怒不可遏。

这个案例中的情形也跟前面的案例是同样的道理,假如将这种情形视为"自己受到对方的当众责难",就会认为那是对方在故意羞辱自己从而感到十分受伤。或许就会因为当众出丑而激发出内心深处强烈的愤怒情绪,更有甚者也许会颓丧到再也不想去上班的地步。

然而,为什么自己犯下一点小错误,就必须承受他人如此情绪化的恶意攻击?因为一点小失误就被当众呵斥自己"不配成为社会成员中的一分子",领导为什么会做出这种不合常理的辱人行为呢?

根据我的猜想,或许是因为这个小错误导致领导陷入了某种困境。

认真思索"对方究竟遇到了什么困难?"

如果自以为"不会吧?就这么一点小错误,应该不至于让对方陷入困境吧",那就大错特错。这只是我们单方面的认知。从领导的立场来看,包括对方的面子和个人"缺点"的暴露等,一定遇到了一些困难。假如将案例中的状况视为"领导的忍耐已经到达极限,正在发出悲鸣向外界求助",就会认识到原来自己犯下的这个小错误不只是"自己被对方当众辱骂"这么简单。如此转念思考之后,心情应该也会豁然开朗。

假如心有余力,人们一般来说都不会如此情绪化地大发雷霆。

纵使领导说的话很难听,只要对方展露出来的是"情绪化的愤怒",那就可以将之视为对方内心深处的悲鸣了。将之视为"悲鸣"之后,假如自己认为对方所说的话语里面还有自己值得听取的部分,那设法为己所用就可以了。

没有必要强迫自己承认"他说的也不无道理,是自己做错了才会被对方骂得狗血淋头"。

怎样面对经常表现出一副没耐心的人

虽然对方没有冲自己大发雷霆,但是,能够让自己感觉到没耐心的人数不胜数,就连身边的人几乎都快被他的烦躁情绪传染了。那么,我们到底该怎样与这样的人和睦相处呢?

从原则上来说,还是需要我们事先了解对方究竟是因为什么事情而感到烦躁。

一个人的基本状态应该是放松的,一旦脱离了这种基本状态就肯定存在某些潜在的"理由"。除此以外,经常感到烦躁不安的人很多时候往往是健康方面出了问题。一般来说,工作狂类型的人通常很容易感到焦躁不安。倘若一个人是因为想要以努力工作来弥补自己内心深处的不安感和空虚感,从而对疯狂工作产生了依赖心理,那么,这本身就是一种病态行为。而焦躁不安也可以说是伴随这种病态行为所产生的情绪表现。

"一旦看到别人对自己表现出一副没耐心的样子,就会产生不愉快的感觉。"一旦出现这种不愉快的感觉,进而心里就会渐渐浮现出愤怒情绪。但是,倘若将对方这种行为视为病症,反而会认为他值得怜悯吧?用这样的视角来反观,就能够让自己受到对方焦躁情绪的影响降到最低程度。

轻视他人并不代表自己就"精明能干"

除此以外,经常表现出一副没耐心态度的人好像大部分都比较"聪明能干",往往会看不起周围的人。

认真思索之后,就会发现对方产生这种行为也有其合乎情理之处。因为这种人总是在对他人妄加评判,所以才会看不起周围的人,对他人感到腻烦。然而,这顶多只是一种"既难受又不健康的生活态度",算不上真正的"精明强干"。况且,真正卓而不凡的人理应更加包容他人。

因此,面对这种没耐心的人,我们大可以用一种疏朗的姿态在心里劝慰对方:"唉!其实,你也可以选择不要用这种既难受又不健康的态度来生活啊!"假如自己认为他值得怜悯,也可以对他柔声答道:"好的,我明白了。"

切忌与对方争论谁是谁非,令自己陷入与对方"较劲"的状态而不能自拔。

一旦自己开始与对方较劲,只会令对方无形之中加重力道与自己较量到底,这样一来自己就会感到更加焦躁不安。如果实在忍不住想对对方旁敲侧击一下,可以小心谨慎地使用"以我为主语"的话语来与对方进行沟通。

防止自己遭到对方愤怒情绪牵连的方法

即使愤怒情绪是"对方内心深处发出的悲鸣",我们也没有任何义务必须像天使一样处处迁就对方。

如果对方当下这一刻实在是对"愤怒状态中的自己"感到手足无措,我们可以根据对方的心理状态,调整自己对对方的"角色期待"。

举个例子来说,假如对方是一个动不动就怒气冲天的人,只要对方的愤怒情绪得以平息,实际上就能够畅谈无阻。这个时候怎么办才好呢?

这种情形之下,我们对对方的"角色期待"就不是"希望对方现在不要大发雷霆,有什么话就坐下来好好谈",而是"希望对方平复自己的愤怒情绪之后,再来跟自己好好谈"。这样解析之后,我们就明白现在最好跟还在气头上的对方保持适当的距离。

根据自己的节奏,使用短信或邮件等方式跟对方进行沟通

如果自己跟对方面对面地交谈,不管怎样都会受制于对方的愤怒情绪时,我们可以使用短信或邮件等文字交谈的方式来跟对方进行沟通,这样也会大有成效。

尤其是那些过去曾经被对方辱骂过,并因此留下了"心理创伤"的情形,或许一想到要跟对方面面相觑就会感到恐惧,所以,这个时候最好用不会被对方牵着鼻子走的对话方式进行沟通。

凡事不必亲力亲为

给自己找一位优秀的代理人去完成某些事情也不失为一个好办法。

假如自己跟对方在各方面相比力量悬殊而没有办法达成沟通，或是两个人的性格实在水火不容而没有办法当面沟通，如果能够安排一位代理人代表自己跟对方沟通的话，很多时候反而会产生不错的效果。

一般来说，适合做代理人的前提条件是，他代替自己说的话对方比较容易接受，也可以说，应该是不会一开口就触怒对方的人。

然而，某些脾气暴躁的人本来就缺乏安全感，如果我们随随便便找个人做我们的代理人，而且这个代理人还是一个惹人厌烦的人，那么安排这样的代理人跟对方谈判只会火上浇油，让对方更加气急败坏，因此还是要根据实际情况加以妥善地处理。

不要接受他人含糊其词的批判

前面提到过的那个被领导当众辱骂"你根本就不配成为社会成员中一分子"的案例，就属于最刻薄的批判类型。所有的批判类型中，人格批判对人的打击程度最深。

然而，在对方没有清清楚楚地指出自己究竟哪里做得不对的情况下，就当众辱骂他人"你根本就不配成为社会成员中的一分子"，这真的会让人十分受伤。

如果要妥善处理这种情况，有一个至关重要的注意点，那就是恳请对方"尽可能地瞄准靶点进行评判"。

明确对方对自己的"角色期待"

人格批判不单刻薄，让人没有任何改进的余地也是一个很大的问题。

为了用心接纳对方对自己的批评，我们最好恳请对方明确地告诉自己"究竟该怎样改善自己的行为才好"，也就是向对方确认"对方对自己的角色期待"。

因此，与其对"你根本就不配成为社会成员中的一分子"这种人格批判照单全收，倒不如询问对方："惹你生气，我真的感到非常抱歉。我想尽我最大的努力好好改善自我，因此，能否麻烦你明确地告诉我，我究竟是哪些方面让你觉得我不配成为社会成员中的一分子呢？"

对方跟你说："你总是不遵守规定的时间。"这样的回答还是非常抽象，因此需要再追问对方："实在抱歉，我没听明白。能否麻烦你举个例子解释一下？比如，什么样的具体情境让你觉得我总是不遵守规定的时间？"

像上述这样逐步缩小谈话范围，直至最后诱导对方说出"我希望你开会绝对不要迟到"这种具体的"角色期待"。

只要向对方问出"我希望你开会绝对不要迟到"，就有可能实现对方对自己的角色期待，并意识到自己一直以来确实经常迟到，然后，再诚诚恳恳地向对方道歉，如此一来，两个人之间应该就不会留下心结了。

此外，假如是因为业务方面导致自己确实没有办法准时到会，那么，就可以与对方商讨切实可行的改进方法。

即使对方跟自己说"你自己想办法解决"，我们也没有必要全盘接受

也有一些人，即使我们恳请他尽可能地瞄准靶点进行评判，对方也不会告诉我们他的真实想法，或许只会敷衍道："这种小事自己反思。"

对方敷衍自己的这句话，属于另一种情绪色彩非常强烈的人格批判。假如对方说出的是"你居然连这种小事都不知道"，就会让人感觉这其中的批判性更加强烈了，听者会受到更严重的心理

挫伤。

但是，认真思索之后，觉得"处于这种状态非常不妙"的恰恰是当事人。"你根本就不配成为社会成员中的一分子"是这位领导自己对他人的评判，属于这位领导的个人边界。责任并不在我，却让我"自己想办法解决问题"，这实际上是很没有责任心的表现。这跟下述情景一样是很奇异的事情，有人对自己说："这部电影真好看，我看了之后觉得非常感动。"但是，当你询问对方："你觉得什么地方好看？"对方却回答说："这种小事你自己想一想就知道了。"这一切全部都是在对方个人边界之内发生的事情，只是对话的主体刚好跟自己有关而已。

因此，这种时候，不妨堂堂正正地询问他："非常抱歉，我真的想不出来。就麻烦你告诉我吧。"

不要对发出悲鸣的人"穷追猛打"

话说回来，为什么这个时候对方不愿意为在自己个人边界之内发生的事情担负起应有的责任呢？

没有办法清晰回答他人的人，往往只是因为对方在心里投射出自己的烦闷而进行的"吹毛求疵"行为。他认为"都是你触怒了我"，因此，惹恼我的原因也麻烦你自己努力好好思索一番。

面对这样的人，如果我们满心期待对方"冷静地帮助自己说明改进方法"的话，就会更进一步地逼得他狗急跳墙，以至于向我们被动展露更加不堪的言谈举止。

见到这种固执地要求他人"自己想办法解决问题"的人,可以将它视为那种正在向他人求救的人哀号:"我现在遇到麻烦了!请你体谅我!"

然后,放下诸如"冷静地帮助自己说明改进方法"之类的对对方的角色期待,并以诸如"我觉得你说得也有一些道理,我自己先试着好好想一想"之类的话语结束这场谈话。

等到对方事后恢复理智,或许他也会随之改善他的态度。

虽然这种做法看起来好像只是对对方表现得非常友善,但实际上获得最大利益的还是我们自己。

因为我们可以彻底挣脱"自己受到对方的当众责难"这种"受害者"身份,摇身一变成为"能够神色自若地面对他人不当言行的人"。

如此一来,应该就会慢慢产生自己掌控现状的感觉。

Step7 重点归纳

怎样才能保证自己不被"愤怒者"伤害?

1

需要理解"愤怒者就是一个遇到了困难的人"。

2

即使那个人朝着自己发泄愤怒情绪,也要将其行为视作"那个人因为遇到了麻烦,内心深处正在悲鸣",而不是将其解读为"那个人在攻击我"。

3

为了避免自己受到他人愤怒情绪的牵连,我们可以改善自己与对方的沟通方式,可以使用短信或邮件,又或是找代理人代替自己跟对方进行沟通。

4

诱导对方跟自己说出"具体的批判内容"。

5

说不出具体批判内容的人,不妨将其看作"事实上,他现在正深陷困境,并且惊惶失措",我们不要再对其"穷追猛打"。